数字媒体技术与创作系列教材
编撰委员会

主　编：董武绍

副主编：袁南辉

委　员：曹育红　孙　墀　吴天生

　　　　许晓安　赵　玉　朱　姝

　　　　李端强

数字媒体技术与创作系列教材

主编 董武绍　　副主编 袁南辉

Introduction
to Digital Media

数字媒体导论

曹育红　董武绍
朱　姝　周吉峰　编著

暨南大学出版社
JINAN UNIVERSITY PRESS
中国·广州

图书在版编目（CIP）数据

数学媒体导论/曹育红，董武绍，朱姝，周吉峰编著.—广州：暨南大学出版社，2010.4（2016.8重印）

ISBN 978－7－81135－506－2

Ⅰ.①数⋯　Ⅱ.①曹⋯　②董⋯　③朱⋯　④周⋯　Ⅲ.①数字技术—多媒体 Ⅳ.①TP37

中国版本图书馆 CIP 数据核字（2010）第 075337 号

数字媒体导论
SHUZI MEITI DAOLUN

编著者：曹育红　董武绍　朱　姝　周吉峰

出 版 人：徐义雄
责任编辑：杜小陆　刘慧玲
责任校对：周明恩　张剑峰

出版发行：暨南大学出版社（510630）
电　　话：总编室（8620）85221601
　　　　　营销部（8620）85225284　85228291　85228292（邮购）
传　　真：（8620）85221583（办公室）　85223774（营销部）
网　　址：http：//www.jnupress.com　http：//press.jnu.edu.cn
排　　版：暨南大学出版社照排中心
印　　刷：佛山市浩文彩色印刷有限公司
开　　本：787mm×960mm　1/16
印　　张：14.875
字　　数：300 千
版　　次：2010 年 4 月第 1 版
印　　次：2016 年 8 月第 3 次
印　　数：4001—5000 册
定　　价：29.80 元

（暨大版图书如有印装质量问题，请与出版社总编室联系调换）

前　言

数字媒体作为一个耳熟能详的名词，早已与我们的生活密切相关。世界各国对数字媒体技术的研究与应用、数字媒体产业的形成及发展都十分重视，并投入了大量的人力、物力和财力来争取先进的数字媒体技术和数字媒体产业市场。数字媒体产业是技术与文化产业联姻的产物，具有产业附加值大、关联度高的特点，它对调整我国媒体数字产业结构、弘扬我国优秀文化、提升全民文化素质具有重要的战略意义。面对快速发展的新型产业，高等教育理应要成为产业人才的武库。

数字媒体技术与创作系列教材，是针对高校影视类专业数字媒体创作人才培养而组织编写的。该套教材以创作为核心，把理论和实践融入到作品创作中构建一个统一的有机整体；坚持从教学实际出发，从学生接受角度出发，从数字媒体技术不断更新的特点出发，立足于数字媒体创作规律的总结，以个案为范例，通过讨论、思考、探索的形式，既给学生以科学引导，同时又给学生一个自由创作的空间，在技术与艺术的融合中，寻找最佳的创作途径；力求改变只谈知识不谈学习方法、只谈理论不谈实践、只谈传授内容不谈传授对象的做法，促进学生基本艺术素养、专业技术以及综合应用创造能力的提高。

《数字媒体导论》是本系列教材的第一部，本书不仅详细介绍了数字媒体的基础理论知识，而且从作者的长期实践中总结了数字媒体领域广泛需要的众多经验和技巧。在编写过程中，力求做到深入浅出，给初学者以启迪。在内容选取上，遵循数字媒体技术原理与数字媒体技术应用相结合的原则，以数字媒体元素为主线，全面、系统地介绍了数字媒体技术原理与数字媒体技术应用。既注重理论、方法和标准的介绍，同时兼顾实际系统分析、具体技术讨论和实际应用案例的结合。

《数字媒体导论》主要完成数字媒体技术与创作系列课程教学的第一个层面，全书共分为9章。第1章为数字媒体概述，介绍了数字媒体、数字媒体技术、数字媒体艺术、数字媒体设计的基本概念以及数字媒体的应用领域；第2章为数字媒体传播，讲述了数字媒体的传播模式、传播特点以及数字媒体的应用领域和产业化；第3章为数字媒体创意，讲述了数字媒体的市场和受众分析，以及数字媒体项目的选题、策划、开发与管理；第 4 章为数字图像媒体，介绍了图像的定义和属性、数字图像的基本概念以及图像的获取设备、图像数字化的基本概念，讲述了数字图像的处理、常用图像文件格式和处理软件；第 5 章为数字音频媒体，概述了声音的定义和特点以及音频采集设备、数字音频的基本概念，讲述了音频数字化的方法、数字音频的处理以及常见音频文件格式和处理软件，同时还对音乐合成和 MIDI 音乐给予了介绍；第 6 章为数字视频媒体，概述了视频的定义和分类、电视制式和电视信号、模拟和数字视频采集设备、数字视频的基本概念，讲述了视频数字化的方法、数字视频的处理以及常见视频文件格式和处理软件，同时还对视频编辑和视频编辑流程给予了介绍；第 7 章为网络媒体，概述了网络媒体的通信、信息传输协议，以及流媒体的基本概念、技术原理和技术实现；第 8 章为数字动画，讲述了动画制作的前期准备（包括剧本的创作、美术风格的设计以及分镜头脚本的制作）、动画制作的流程、动画的后期处理（包括处理流程、各种处理软件的使用以及后期合成）；第 9 章为电脑游戏，概述了电脑游戏的定义和种类，讲述了网络游戏的发展历程以及中国网络游戏的发展历史。本书既适用于教育技术学专业、数字媒体技术专业、数字媒体艺术专业、广播电视编导专业等专业的学生，也适用于在数字媒体产业领域中从事数字媒体产品创作与开发的工程技术人员。

本书第 1、3、4、5、6、7 章由曹育红编写，第 2 章由董武绍编写，第 8 章由朱姝编写，第 9 章由周吉峰编写，全书由董武绍、曹育红统稿。

本书在编写过程中，参考、引用了许多国内外的相关文献资料，在此向作者深致谢意。

本书的出版得到了暨南大学出版社的大力支持，杜小陆同志一直关注和指导着编写工作，对此我们深表感谢。

由于成书时间仓促、作者水平有限，不足之处，希望读者批评指正。

编　者

2010 年 2 月

目　录

003

INTRODUCTION TO DIGITAL MEDIA

.

.

.

.

.

.

INTRODUCTION TO DIGITAL MEDIA

Digital
Media
Summarize

第 1 章

数字媒体概述

本章分别阐述了数字媒体、数字媒体技术和数字媒体艺术的概念、属性、分类，剖析了数字媒体设计的涵盖范畴，介绍了数字媒体的应用领域。

【本章学习要点】

当今社会，以数字媒体为代表的信息技术与产业的发展对人类社会产生的影响越来越明显，其地位也越来越重要。数字媒体的发展及应用正在逐步改变人们的工作结构和生活方式。世界各国对数字媒体技术的研究与应用、数字媒体产业的形成及发展都十分重视，投入了大量的人力、物力和财力以得到先进的数字媒体信息技术和数字媒体产业市场。数字媒体涵盖的范围很广，涉及数字化技术细节、数字媒体理论、媒体文化等领域，面对全新的数字媒体概念，本章从多角度出发，系统地分析、介绍了数字媒体、数字媒体技术、数字媒体艺术、数字媒体设计的概念、特性和分类，以及数字媒体和数字媒体技术的发展趋势等方面的知识，把宏观的数字媒体产业观察和微观的数字媒体产品解析有机地结合在一起，此后各章将根据本章所构建的数字媒体课程内容体系展开论述，使人们真正理解"数字媒体"的含义。通过本章的学习，学习者可以初步了解数字媒体课程内容的概貌。

【本章内容结构】

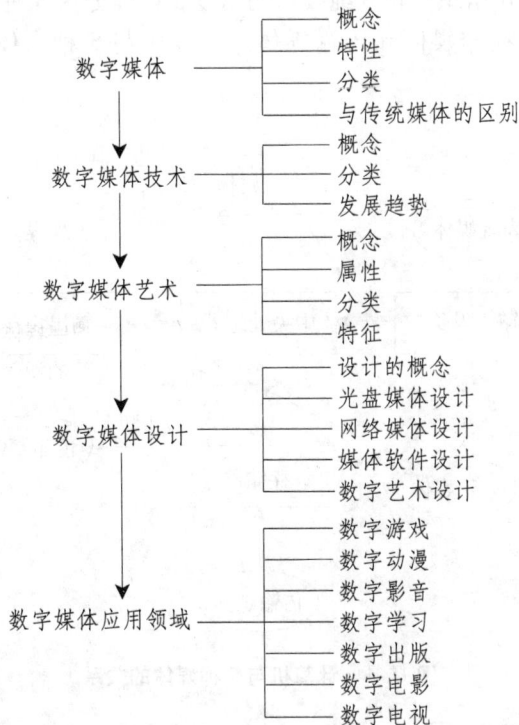

```
数字媒体 ────┬── 概念
            ├── 特性
            ├── 分类
            └── 与传统媒体的区别
    ↓
数字媒体技术 ──┬── 概念
              ├── 分类
              └── 发展趋势
    ↓
数字媒体艺术 ──┬── 概念
              ├── 属性
              ├── 分类
              └── 特征
    ↓
数字媒体设计 ──┬── 设计的概念
              ├── 光盘媒体设计
              ├── 网络媒体设计
              ├── 媒体软件设计
              └── 数字艺术设计
    ↓
数字媒体应用领域 ─┬── 数字游戏
                ├── 数字动漫
                ├── 数字影音
                ├── 数字学习
                ├── 数字出版
                ├── 数字电影
                └── 数字电视
```

1.1 数字媒体

数字媒体把计算机用户从令人望而却步的主机终端带到能提供乐趣、冒险和互动学习的高科技桌面系统。数字媒体这个概念出现的时间虽然不长，但它却是一个高科技的流行术语，是一种能有效实施教育、娱乐和获取信息的媒介。

1.1.1 数字媒体的概念

为了帮助读者更好地理解数字媒体的概念，首先将介绍媒体的概念。

1. 媒体（Media）

媒体的英文单词是 media，在拉丁语中，其含义是"两者之间，中介、中间"。它是一个在科学、技术、经济和社会等各个领域都得以大量使用的术语，与信息密切相关，既是信息的表现形式，又是信息交流和传播的载体，被借用来指代信息传播的一切中介。

国际电信联盟（International Telecommunication Union，ITU）是一个国际电信行业的技术标准化组织，它从纯技术的角度将媒体分为 5 种：感觉媒体、表示媒体、表现媒体、存储媒体和传输媒体。计算机与 5 种媒体的关系如图 1 - 1 所示。

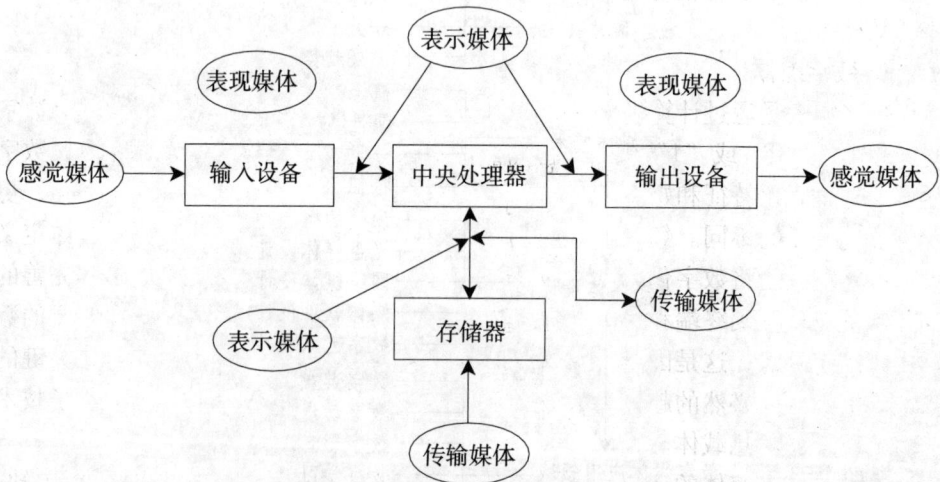

图 1 - 1　计算机与 5 种媒体的关系

（1）感觉媒体（Perception Media）。

感觉媒体是指能够直接作用于人的感觉器官，使人产生直接感觉（视、听、嗅、味、触觉）的媒体，即能使人类视觉、听觉、嗅觉、味觉和触觉器官直接产生感觉的一类媒体。感觉媒体包括人类的语言、音乐、自然界的各种声音、各种图像、图形、动画、文本等。

（2）表示媒体（Representation Media）。

表示媒体是指为了加工、处理和传输感觉媒体而人为研究、构造出来的一种媒体，借助表示媒体可以更加有效地将感觉媒体从一个地方传送到远处另外一个地方。表示媒体有各种编码方式，如语言编码、静止和活动图像编码、文本编码、电报码、条形码等，即声、文、图、活动图像的二进制表示。

（3）表现媒体（Presentation Media）。

表现媒体是指把感觉媒体转换成表示媒体、表示媒体转换成感觉媒体的物理设备。表现媒体又分为两类：一类是输入表现媒体，如键盘、鼠标、扫描仪、话筒、摄像机等；另一类为输出表现媒体，如显示器、打印机、扬声器等。

（4）存储媒体（Storage Media）。

存储媒体是指用于存放表示媒体（即把感觉媒体数字化以后的代码进行存储）以便计算机随时处理加工和调用信息编码的物理实体。存放代码的这类存储媒体有半导体存储器、硬盘、光盘、磁带、磁盘等。

（5）传输媒体（Transmission Media）。

传输媒体是指将信息从一端传送到另一端的通信载体，如电话线、通信电缆、光纤等。

2. 数字媒体

数字媒体是通过计算机存储、处理和传播信息的媒体，简而言之就是以数字化形式——“0”或“1”，即信息的最小单元比特（bit）传送信息的媒体。数字媒体具有数字化特征和媒体特征，与传统媒体的区别不仅在于内容的数字化，更在于传播手段的不同。《2005 中国数字媒体技术发展白皮书》中把数字媒体定义为：数字媒体是将数字化内容的作品，以现代网络为主要传播载体，通过完善的服务体系，分发到终端和用户进行消费的重要桥梁。此定义强调网络为主要的数字媒体传播方式，这是因为网络的应用是数字媒体传播过程中最显著和最关键的特征，也是将来必然的趋势。因此，数字媒体已经成为继语言、文字和电子技术之后的最新的信息载体。

国内对数字媒体的认识比较趋同，但在系统化和理论深度等方面有所欠缺。很多产业界的公司都成立了数字媒体部，从这些部门的业务范围来看，它们的数字媒体概念的内容要么是数字音乐、数字视频等的软件解决方案，如微软数字媒体部的主要产品就是我们熟悉的媒体播放器——Windows Media Player；要么是硬件设备，如东芝的数字媒体网络公司，该公司把经营的电脑、投影电视等业务称为数字媒体业务。可见，在产业界和理论界都还没有形成关于数字媒体的清晰的概念。

数字媒体是以数字化的形式记录、处理、传播、获取信息的媒体，它使用文本、图片、音频、视频来传递信息，它包含了许多必须理解的概念和想法，下面介绍属于数字媒体范畴的一些特定术语：

（1）信息。

信息是事物表现的一种普遍形式，它不是事物本身，而是由事物发出的消息、情报。当事实、想法、信仰和故事被传递时，它们将带给接收者一定收益。在数字媒体的上下文中，信息有很多种形式，包括文本、图形、音频和视频等。因为数字媒体涉及了基于计算机信息系统技术的更广泛的内容，所以"信息"这个术语被包括进来。

（2）领域。

领域在数字媒体世界里是指相对狭窄或集中的信息或知识的某一范围，如天文学、医学、生物学等，但它也可以指更广的如百科全书这样有组织的信息范畴。

（3）交互性。

交互性就是通过各种媒体信息，使参与的各方（不论是发送方还是接收方）都可以对媒体信息进行编辑、控制和传递。设计数字媒体应用软件时要求组织信息更符合逻辑、更方便用户。这样人们不仅仅只是对信息简单地看、听，而是利用数字媒体技术实现对信息的主动选择和控制。例如，一个基于光盘的数字媒体百科全书提供给用户一个从字母 A 到 Z 的索引，以方便寻找一个特定的主题。当用户点击一个字母时，在他面前就会显示出包含所选定的字母的一列主题，这样用户就可以进一步缩小寻找范围。接下来用户可以选择特定的主题，特定主题中的信息便展示在他面前。在这个例子中交互性用来使用户快速定位并浏览所需信息。

（4）应用。

应用是指将数字媒体运用于信息处理领域。应用需要建立在对数字媒体及技术的掌握的基础上。数字媒体产品包括游戏、教育软件以及其他一些产品，可以应用于零售业的市场推广、一对一的销售、医药行业的诊断图像管理、政府机构的视频监督管理、教育行业的远程教学、电信行业中无线内容的分发、金融行业的客户服务等等。

（5）内容。

内容是指一个数字媒体产品中特定的信息，其形式有文本、图片、音频和视频。内容可以源于纸张或录影带，但必须被捕捉成数字的形式，以便于编辑和制成数字媒体产品。典型的数字媒体产品包含一系列的数字媒体内容，而且对于每个应用来说都是特定的和独一无二的。

（6）开发者。

开发者是指在数字媒体产品开发过程中的管理者、设计师、程序员、图形艺术家或在数字媒体产品开发过程中所需的其他技术人员；有时候则是指生产者。

（7）用户（亦称最终用户）。

用户是指那些使用或应用数字媒体产品工作或娱乐的个人或团体。

（8）编著工具。

编著工具是指用于开发和发布数字媒体产品的软件程序。这些工具包括用于文本和图形编辑的软件，音频和视频捕捉、编辑的软件以及数字媒体编著软件。

（9）产品。

产品是指经完整的包装、分发，供最终用户使用的数字媒体产品。产品经常通过商业渠道销售给消费者。

1.1.2 数字媒体的特性

数字媒体强调的是交互综合处理多种媒体信息。从本质上看，它具有数字化、交互性、多样性、趣味性、集成性、技术与艺术的融合等特性。

1. 数字化

人们过去熟悉的媒体几乎都是以模拟的方式进行存储和传播的，而数字媒体则是以二进制的形式通过计算机处理文字、图像、动画、影视、语音及音乐等信息。数字媒体可以快速传播、重复使用、轻松复制，不同媒体之间也可以相互混合。

2. 交互性

数字媒体改变了传统媒体单向传播的特点，使人们获取和使用信息由被动变为主动，具有双向互动的功能。例如，打开电视机，就会显示图像、声音和文字，由于观众只能被动地收看，因此人与电视节目之间的关系是非交互式的。交互性是数字媒体的关键特性，交互性可以增加对信息的注意和理解，延长信息保留的时间，向用户提供更加有效地控制和使用信息的手段，同时也为应用开辟了更加广阔的领域。

3. 多样性

多样性是数字媒体的主要特性之一。数字媒体扩展、放大了计算机处理信息的空间和种类，使之不再局限于数值和文本，而可以广泛采用图形、图像、音频和视频等信息形式表达思想。人类对于信息的接收和产生主要靠视觉、听觉、触觉、嗅觉和味觉，在这 5 个感觉空间中前三者占了 95% 以上的信息量。虽然计算机远远达不到人类的水平，但数字媒体使得计算机处理的信息多样化，所以计算机表达人类的思维不再局限于线性、单调、狭小的范围内，而是有了更充分、更自由的余地，即计算机变得更加人性化。

4. 趣味性

互联网、IPTV、数字游戏、数字电视、移动流媒体等为人们提供了宽广的娱乐空间，数字媒体的趣味性被真正体现出来。如观众可以参与电视互动节目，观看体育赛事时可以选择多个视角，可以从浩瀚的数字内容库里搜索并观看电影和电视节目，可以分享图片和家庭录像等。

5. 集成性

数字媒体不是简单地把多种媒体混合叠加起来，而是将文字、图形、影像、声音、动画等各种媒体有机地结合、加工、处理，并根据传播要求相互转换，从而达到"整体大于各孤立部分之和"的效果。数字媒体的集成性主要表现在两个方面：①多媒体信息媒体（表示媒体、传输媒体、存储媒体或表现媒体）的集成；②处理数字媒体的设备的集成。

6. 技术与艺术的融合

数字媒体属于一个文理融合的全新领域，在信息技术与人文艺术、左脑与右脑之间架起了桥梁。计算机的发展与普及已经使信息技术离开了纯粹技术的需要，数字媒体传播需要信息技术与人文艺术的融合。

1.1.3　数字媒体的分类

按照时变属性、来源属性、感知属性和组成属性等不同的属性分类方法，数字媒体可以分成很多种类。

1. 时变属性

按照时变属性，数字媒体可分为离散媒体和连续媒体。离散媒体是指以空间为基础，由独立于时间的元素项组成，媒体内容不会随时间而变化的数字媒体，如文本、图形、图像等；连续媒体是指以时间为基础，媒体内容随时间而变化的数字媒体。媒体在表示时要根据一定的时序信息进行处理，即时间或时序关系是信息的一部分。如果媒体中某项的次序或时序发生变化，那么媒体表示的含义、存储的含义等就随之发生变化，比如声音、动画和影像等。

2. 来源属性

按照来源属性，数字媒体可分为捕获媒体和合成媒体。捕获媒体是指客观世界存在的景物、声音等，经过专门的设备进行数字化和编码处理之后得到的数字媒体，如数码相机拍的照片；合成媒体指的是以计算机为工具，采用特定符号、语言或算法表示，由计算机通过程序等方式直接生成（合成）的媒体信息，如文本、音乐、语音、图像和动画等。

3. **感知属性**

按照感知属性，数字媒体依据人类的感觉特征可以分为视觉媒体和听觉媒体。支持视觉的媒体有文本、图像、图形、动画等。支持听觉的媒体有语音、音乐等。同时支持听觉和视觉的媒体有带声音的视频影像等。

4. **组成属性**

按照组成属性，数字媒体可分为单一媒体和多媒体。单一媒体是指单一信息载体组成的媒体；多媒体指的是多种信息载体的表现形式和传递方式。

1.1.4 数字媒体与传统媒体的区别

与传统媒体相比，数字媒体显示了极大的优越性。数字媒体产品是一种把文本、图片、声音全方位结合在一起的有趣的、增进知识的、通常具有娱乐性的产品。数字媒体需要内容的支持，数字媒体产业的繁荣是建立在传统媒体的内容生产之上的。因此传统媒体在认识上要有所提高，在内容的需求上要符合数字媒体的特点，在内容生产上要注重先进性，在传播上要注重使用数字媒体技术，实现传统媒体向数字媒体的过渡。数字媒体与传统媒体主要区别如下：

1. **数字媒体使受众由被动接受转向主动接受**

在步入信息时代的今天，每个人都不应是信息的被动接受者，而应是信息的积极运用者和制造者。随着质优价廉、功能强大、性能优良的数字媒体制作技术的普及，内容制作方式将发生巨变。在数字媒体时代，人们不再像以前那样只能作为媒介的受传者被动地接受信息，而是这种媒介的传播者，人们的选择性得到极大的丰富，无时无刻不在接受信息和选择信息，并参与制造信息。正如尼葛洛庞帝在《数字化生存》一书中阐述的那样："从前所说的大众传媒正演变为个人化的双向交流，信息不再被'推给'消费者，相反，人们将把所需要的信息'拉出来'，并参与到创造信息的活动中。"

2. **数字媒体传播多样、及时**

数字化信息传输/存储技术的广泛应用使信息传播的业务形式日趋多样化、多元化、个性化，主要有数字电视、直播卫星电视、移动电视、网络电视（IPTV）、数字告示（如楼宇电视、地铁电视、卖场电视）、移动多媒体（手机短信、手机彩信、手机游戏、手机电视、手机电台、手机报纸等）、网上即时通信群组、对话链、虚拟社区、博客、搜索引擎、电子邮箱、门户网站等。

数字媒体有传统媒体不可比拟的即时性，信息发布流程短，受制约因素较

009

少，因此信息的传播过程启动非常迅速、便捷、灵活，发布的信息时效性强。数字媒体产品正被每个人所使用——从小孩到大人——它适应广泛范围的需求。例如在光盘百科全书中寻找事实和信息；从基于家庭和学校的计算机中学习数字、科学、艺术和语言方面的新概念和技术；通过计算机游戏获得娱乐；商业性的市场和技术演示；通过因特网与遍布世界的个人和公司联系。正如上面所展示的，数字媒体技术和应用几乎已渗透到我们生活的方方面面。

3. 数字媒体表现形式更加丰富

数字媒体的信息表示可以利用多种媒体协同表示内容信息，既可以用文本、音频等媒体来表示，也可用图像、图形、视频和动画等媒体来表示。数字媒体将这些媒体融合成一体，整合文字、音频、视频和动画等多种形式的媒体内容。数字媒体用二进制而非物理量记录信息，因此，在信息的存储、传递和再现过程中不会失真。数字媒体的信息通过超链接技术，以媒体对象为单位按一定的逻辑关系组织成一个具有非线性、网络化特征的结构化信息体系，可以即时、无限地扩展内容。由于容量巨大，数字媒体能将多种不同形式的表示媒体综合起来，可以通过专题形式，整合大量资料，把内容做深入、做透彻。

4. 数字媒体具有更强的互动性

传统媒体一直处于强势地位，普通的受众无法对媒体产生影响，因为观众无法即时参与，只能通过电话、书信往来表达意见，反馈渠道单一。数字媒体所具有的人机双向实时信息流通功能，使信息的传播者与接收者处于对等的位置，受众通过交互界面能及时反馈并影响信息传播者的行为。数字媒体的交互性使受众对信息内容更有自主权，即受众不仅可以决定看什么、什么时候看、以什么方式看，还可以在更大程度上决定先看什么、后看什么，甚至拥有参与内容制作的机会。数字媒体更加平民化、自主化，如博客、播客等，人们很容易就能主动成为信息的制造者、传播者，普通群众的参与性大大增强。而且只要在法律允许的范围内，受众对于信息内容都有直接的决定权、选择权。数字媒体的信息接收与存储更加方便，人们不需要在特定时间守在媒体前面，而可以在任何方便的时候浏览信息，并且没有次数限制；可以自由处理所获信息，可以上传下载也可以编辑复制，并且信息的质量不会像纸质文本那样随着时间流逝而大打折扣。

5. 数字媒体传播无损耗

传统大众媒体的传播，从制作者、传播者，最后到受众那里，信息已经经过了多次损耗，所以信息不能实现完全的"真传播"。而数字媒体则基本实现了信息无损耗的"真传播"。数字化的环节越多，信息传递就越有效。数字媒体不但提高了传播的容量，也提高了传播的质量。

1.2　数字媒体技术

"文化为体，科技为媒"是数字媒体的精髓，数字技术、网络技术与文化产业相融合而产生的数字媒体产业，在数字媒体技术的引领和支撑下，正在世界各地高速成长。

1.2.1　数字媒体技术的概念

数字媒体技术是一项应用广泛的综合技术，包括数字音频、数字视频、互联网及其他用来产生、阐述和分发数字内容的所有技术。

数字媒体技术主要包括研究数字媒体的表示、记录、处理、存储、传输、显示、管理等各个环节的软硬件技术，融合数字信息处理、计算机技术、数字通信和网络技术等现代计算和通信手段，综合处理文字、声音、图形、图像等信息，使抽象的信息变成可感知、管理和交互的信息。

1.2.2　数字媒体技术的分类

数字媒体应用的发展与数字媒体技术息息相关，这些技术主要包括数字媒体信息获取与输出技术、数字媒体存储技术、数字媒体信息处理技术、数字媒体传播技术、数字媒体信息检索与信息安全技术等。

1. 数字媒体信息获取与输出技术

数字媒体信息的获取与输出技术是数字媒体应用的关键技术，直接影响数字媒体系统实施的成败。

（1）数字媒体信息的获取技术。

数字媒体信息的获取技术是数字媒体信息处理的基础，包括声音和图像等信息获取技术、人机交互技术等，主要设备包括键盘、鼠标、光笔、跟踪球、触摸屏、语音输入和手写输入等输入与交互设备，以及适用于数字媒体不同内容与应用的其他输入和获取设备，如适用于图形绘制与输入的数字化仪，用于图像信息获取的数码相机、数码摄像机、扫描仪、视频采集系统等，用于语音和音频输入与合成的声音系统，以及用于运动数据采集与交互的数据手套、数据衣等。

（2）数字媒体信息的输出技术。

数字媒体信息的输出技术是将数字信息转化为人类可感知的信息，其主要目的是为数字媒体内容提供更丰富、人性化和交互的界面。主要的技术包括显示技术、硬拷贝技术、声音系统，以及用于虚拟现实技术的三维显示技术等。各种数字存储媒介是数字媒体内容输出的载体，如各类光盘和其他数字出版物等。显示技术是发展最快的技术之一，平板高清显示器已经成为一种主流趋势。

2. 数字媒体存储技术

由于数字媒体对计算速度、性能以及数据存储的要求高，数字媒体的对象数据库一般都非常大，具有并发性和实时性，所以数字媒体存储技术不仅要考虑存储介质，还必须考虑存储策略。数字媒体对存储技术的存储容量、传输速度等性能指标的高标准和高要求，促使数字媒体存储媒介以及相关控制手段、接口标准、机械结构等方面的技术飞速发展。高存储容量和高速的存储新产品也不断涌现，并得到广泛的应用与普及，进一步促进了数字媒体技术及其应用的发展。

目前在数字媒体领域中占主流地位的存储技术主要有：

（1）磁存储技术。

磁存储技术在当今信息时代的应用越来越广泛。磁存储技术的记录性能优异、应用灵活、价格低廉，在技术上仍具有相当大的发展潜力，其存储容量和存取速度也越来越高，将是数字媒体存储技术中不可替代的存储媒介。利用磁存储技术可对多种图像、声音、数码等信息进行转换、记录、存储和处理。目前应用于数字媒体的磁存储技术主要有硬盘、硬盘阵列和磁带等。

磁存储技术的原理依据是：计算机是用二进制的方法存储和识别信息的，如果在一张白纸上点一个黑点，在记录这张纸所传递的信息时，计算机会设定白点为1，黑点为0。磁存储技术通过改变电流来实现这样的原理。当给一个磁体通上正电流，磁体的磁力方向指向左边，用来记录白点；通入负电流时，磁体的磁力方向指向右边，用来记录黑点。对于整张纸的记录就可以通过电流和磁力方向的变化来完成。

硬盘包括磁性盘片、电机、盘上方的伸缩臂以及伸缩臂上的磁头。电机带动磁盘旋转，伸缩臂在盘上移动，磁头进行读盘或写盘操作。硬盘通过磁头改变盘片上磁性物质的状态来存储与读取信息，在硬盘的盘片上有很多磁道，它是由无数的任意排列的小磁铁组成的。当这些小磁铁受到来自磁头的磁力影响时，其排列的方向会随之改变。利用磁头的磁力控制特定的一些小磁铁方向，使每个小磁铁都可以用来储存信息。读盘时，磁头检测盘表面磁性的变化，将其转化为0或1的数据组。写盘时，通过磁头改变盘上数据的磁性，如正、负极分别与0和1相对应。对于个人用户来说，硬盘是最主要的存储设备，计算机的操作系统、应用程序和重要的数据资料都存储在硬盘之中，因此要求硬盘的容量尽可能的大，速度越快越好；对于专业用户来说，由于数据丢失将会给他们带来非常大的损失，所以他们除了要求更高的速度、更大的容量之外，对硬盘的容错能力和安全性也有很高的要求。

磁表面存储器是用非磁性金属或塑料做基体，在其表面涂敷、电镀、沉积或溅射一层很薄的高磁导率、硬矩磁材料的磁面，用磁层的两种剩磁状态记录信息"0"和"1"。基体和磁层共同成为磁记录介质，依记录介质的形状分别称为磁卡存储器、磁带存储器、磁鼓存储器和磁盘存储器。计算机中目前广泛使用的MSM是磁盘和磁带存储器。MSM通过磁记录介质做高速旋转或平移，借助于软磁材料制作的磁头实现读写，由于是机械运动方式，所以存取速度远低于SCM，为ms级。MSM的存储位元是磁层上非常小的磁化区域，可以小至$20\mu m$的平方，所以存储容量可以很大，与SCM相比，每位价格低得多，因此广泛用作辅存。目前IBM已开发出垂直磁记录技术，可将磁记录密度提高到6倍以上。

（2）光存储技术。

光存储技术是通过光学的方法写入和读出数据的存储技术，又称为激光存储技术。其工作原理是改变存储单元的某种性质的反射率、反射光极化方向，利用这种性质的改变来写入存储二进制数据。在读取数据时，光检测器检测出光强和极化方向的变化，从而读出存储在光盘上的数据。由于高能量激光束可以聚焦成约$0.8\mu m$的光束，并且激光的对准精度高，因此它比硬盘等其他存储技术具有更高的存储容量。

光存储技术以其标准化、容量大、非接触方式读/写信息、能长期保存信息、信息的载噪比高、寿命长、工作稳定可靠、体积小、价格低廉及应用多样化等特点成为数字媒体信息的重要载体。随着光学技术、激光技术、微电子技术、材料科学、细微加工技术、计算机与自动控制技术的发展，光存储技术在记录密度、容量、数据传输率、寻址时间等关键技术上有巨大的发展潜力。蓝光存储技术的出现，使得光存储的容量成倍地提高，在用作高清晰数字音像记录设备和计算机外存储器等方面有着广阔的应用前景。

光存储器主要应用于计算机中信息的存储，已经是计算机用来存储信息的一种不可缺少的器件。常用的光存储器有CD（光盘）、CD - ROM（光盘只读存储器）、CD - R（可刻录光盘）、CD - RW（可重写光盘）、DVD（数字视盘）、DVD - R（可刻录DVD）、DVD - RW（可重写DVD）。其中CD是存储数字音频信息的不可擦光盘，标准系统采用12厘米大小，能记录连续播放60分钟以上的信息；CD - ROM是由音频光盘发展而来的一种小型只读存储器，是用于存储计算机数据的不可擦只读光盘，标准系统采用12厘米大小，能存储大于550MB的内容；DVD是数字化视频盘，制作数字化的、压缩的视频信息以及其他大容量数据信息；可擦光盘是使用光技术，容易擦去和可重复写入的光盘，有3.25英寸和5.25英寸两种，容量通常为650MB。

（3）半导体存储技术。

信息技术产业已经成为我国国民经济发展的重要驱动力，而集成电路是信息技术产业的核心。集成电路产业发展对信息技术产业发展起着巨大的杠杆作用。半导体存储器集成电路是信息计算和存储的核心部件，是集成电路产业的不可或缺的重要组成部分。

半导体存储器是用半导体集成电路工艺制成的存储数据信息的固态电子器件，它由大量相同的存储单元和输入、输出电路等构成。每个存储单元有两个不同的表征态"0"和"1"，用以存储不同的信息。同磁性存储器相比，半导体存储器具有存取速度快、存储容量大、体积小，与逻辑电路接口容易等优点，并且存储单元阵列和主要外围逻辑电路兼容，可制作在同一芯片上，使输入输出接口大为简化。因此，在计算机高速存储方面，半导体存储器已全部替代过去的磁性存储器。按功能的不同，半导体存储器分为随机存储器（RAM）和只读存储器（ROM）。半导体存储器的应用领域非常广泛，种类繁多，目前在数字媒体，特别是在移动数字媒体中普遍使用的半导体存储技术是闪存技术和可移动闪存卡，发展的趋势是体积越来越小，而存储容量越来越大。

随机存储器的存储单元的内容可按需随意取出或存入，并且存取的速度与存储单元的位置无关。由于随机存储器在断电时将丢失其存储内容，因此主要用于存储短时间使用的程序。按照存储信息的不同，随机存储器分为静态随机存储器和动态随机存储器。随机存储器的特点是：

①随机存取。

所谓"随机存取"，指的是当存储器中的消息被读取或写入时，所需要的时间与这段信息所在的位置无关。相对地，按读取或写入顺序访问（Sequential Access）存储设备中的信息时，其所需要的时间与位置就会有关系（如磁带）。

②易失性。

当电源关闭时 RAM 不能保留数据。如果需要保存数据，就必须把它们写入一个长期的存储设备中（例如硬盘）。RAM 和 ROM 相比，两者的最大区别是 RAM 在断电以后保存在上面的数据会自动消失，而 ROM 不会。

③高访问速度。

现代的随机存取存储器几乎是所有访问设备中写入和读取速度最快的，取存延迟和其他涉及机械运作的存储设备相比也显得微不足道。

④需要刷新。

现代的随机存取存储器依赖电容器存储数据。电容器充满电后代表"1"，未充电的代表"0"。由于电容器或多或少有漏电的情形，若不作特别处理，数据会渐渐随时间流失。刷新是指定期读取电容器的状态，然后按照原来的状态重新为电容器充电，弥补流失了的电荷。需要刷新正好解释了随机存取存储器的易失性。

⑤对静电敏感。

如同其他精细的集成电路，随机存取存储器对环境的静电荷非常敏感。静电会干扰存储器内电容器的电荷，导致数据流失，甚至烧坏电路。故此触碰随机存取存储器前，应先用手触摸金属接地。

只读存储器结构较简单，读出较方便，存储的数据稳定，断电后所存储数据也不会改变，因而常用于存储各种固定程序和数据。为便于使用和大批量生产，只读存储器进一步发展为可编程只读存储器（PROM）、可擦可编程序只读存储器（EPROM）和电可擦可编程只读存储器（EEPROM）。EPROM 需用紫外光长时间照射才能擦除，使用很不方便。20 世纪 80 年代制出的 EEPROM，克服了 EPROM 的不足，但集成度不高，而且价格较贵。于是又开发出一种新型的、存储单元结构同 EPROM 相似的快闪存储器。其集成度高、功耗低、体积小，又能在线快速擦除，因而获得飞速发展。

3. 数字媒体信息处理技术

数字媒体信息处理技术是数字媒体的关键，主要包括模拟媒体信息的数字化、高效率的压缩编码技术，以及数字媒体信息的特征提取、分类与识别技术等。在数字媒体中，最具代表性和复杂性的是声音与图像信息。因此，数字媒体信息处理技术的研发也是以数字音频处理技术和数字图像处理技术为主。

（1）数字音频处理技术。

数字音频处理技术首先是将模拟声音信号经取样、量化和编码转化为数字音频信号。由于数字化的音频信号数据量非常大，因此需要根据音频信号的特性，主要是利用声音的时域冗余、频域冗余和听觉冗余对其数据进行压缩。数字音频压缩编码技术主要有基于音频数据的统计特性的编码技术、基于音频的声学参数的编码技术和基于人的听觉特性的编码技术。

（2）数字图像处理技术。

与数字音频处理技术一样，自然界的视觉信息也是通过取样、量化和编码转换成数字信号的。这些原始图像数据也需要进行高效的压缩，主要是利用其空间冗余、时间冗余、结构冗余、知识冗余和视觉冗余实现数据的压缩。目前图像压缩编码方法主要有基于图像数据统计特征的压缩方法、基于人眼视觉特性的压缩方法和基于图像内容特征的压缩方法。

4. 数字媒体传播技术

数字媒体传播技术为数字媒体传播与信息交流提供了高速、高效的网络平台，并且全面应用和综合了现代通信技术和计算机网络技术。数字媒体传播技术主要包括两个方面：一是数字传输技术，主要是各类调制技术、差错控制技术、数字复用技术、多址技术等；二是网络技术，主要是公共通信网技术、计算机网络技术以及接入网技术等。

5. 数字媒体信息检索与信息安全技术

数字媒体数据库技术、信息检索技术与信息安全技术是对数字媒体信息进行高效的管理、存取、查询，以及确保信息安全性的关键技术。

（1）数字媒体数据库技术。

数字媒体数据库技术是数字媒体技术与数据库技术相结合产生的一种新型的数据库。目前研究的途径主要有三种：一是在现有数据库管理系统的基础上增加接口，以满足数字媒体应用的需求；二是建立基于一种或多种应用的专用数字媒体数据库；三是研究数据模型，建立通用的数字媒体数据库管理系统。第三种途径是研究和发展的主流与趋势，但难度较大。

（2）数字媒体信息检索技术。

数字媒体信息检索技术是基于内容的检索技术，突破了传统的基于文本检索技术的局限，直接对图像、视频、音频内容进行分析，抽取特征和语义，利用这些内容特征建立索引并进行检索。数字媒体检索技术包括图像处理、模式识别、计算机视觉、图像理解技术，是多种技术的合成。目前基于内容检索的技术主要有基于内容的图像检索技术、基于内容的视频检索技术以及基于内容的音频检索技术等。

（3）信息安全技术。

数字媒体信息安全的主要目的是传输信息安全、知识产权保护和认证等。数字媒体信息安全技术主要包括数字版权管理技术和数字信息保护技术。数字水印技术属于信息安全技术领域的一个新兴的研究方向，是保护有效的数字产品版权和认证来源的新型技术，目前数字水印技术还需要在技术上进行改进和提高。

除此以外，数字媒体技术还包括在这些关键技术基础上综合的技术，如基于数字传输技术和数字压缩处理技术，广泛应用于数字媒体网络传播的流媒体技术；基于计算机图形技术，广泛应用于数字娱乐产业的计算机动画技术；基于人机交互、计算机图形的显示等技术，广泛应用于娱乐、广播、展示与教育等领域的虚拟现实技术等。

1.2.3 数字媒体技术的发展趋势

为进一步推进高附加值、低消耗的数字媒体产业的发展，突破数字媒体产业化发展中的技术瓶颈，在科技部高新司的指导下，国家"863计划"软、硬件技术主题专家组组织相关力量，深入研究了数字媒体技术和产业化发展的概念、内涵、体系架构，广泛调研了国内、外数字媒体技术产业发展现状与趋势，仔细分析了我国数字媒体技术产业化发展的瓶颈问题，提出了我国数字媒体技术未来五年发展的战略、目标和方向，并将数字媒体产业划分为媒体内容制作、媒体内容存储、媒体内容传播、媒体内容利用（消费）、数字媒体技术支撑五个主要环节，并确定了包括六大类重点发展方向、AVS 的编码标准、内容制作的国家标准、数字版权的控制与保护、内容的消费体验等措施在内的数字媒体发展战略，以形成具有自主知识产权的数字媒体产业体系。

1. 内容制作技术及平台
应以高质量和高效率制作为导向，研究开发国际先进的数字媒体内容制作软件或功能插件。

2. 音/视频内容搜索技术
海量数字内容检索技术使数字内容能够得到有效的制作、管理与充分的利用。

3. 数字版权保护技术
为了保障数字媒体产业的持续、健康发展，必须采取一套有效的数字版权保护机制。这是数字媒体服务产业发展的核心问题之一。

4. 数字媒体人机交互与终端技术
如何将数字媒体用最好的体验手段展现给用户，是数字媒体产业最后能否得到市场接受的重要环节。

5. 数字媒体资源管理平台与服务
对纷繁复杂的海量数字内容素材、音/视频作品及最终产品，需要提供基于内容描述的资源集成、存储、管理、数字保护、高效的多媒体内容检索与信息复用机制等服务。

6. 数字媒体产品交易平台与服务
在统一的数字媒体运营与监管标准规范的制约下，通过贯穿数字媒体产品制作、传播与消费全过程的版权受控形成自主创新的数字媒体交易与服务体系。

1.3　数字媒体艺术

数字媒体艺术是一门年轻的艺术。除了早期的探索外，真正形成有社会影响力的数字艺术作品并开始被社会大众认可，是从 20 世纪 90 年代中期开始的，也就只有十多年的历史。

1.3.1　数字媒体艺术的概念
随着计算机技术、网络技术和数字通信技术的高速发展与融合，传统的广播、电视、电影快速地向数字音频、数字视频、数字电影方向发展，与日益普及的电脑动画、虚拟现实等构成了新一代的数字传播媒体。

1. 数字艺术

广义的数字艺术就是数字化的艺术，比如以数字技术为手段的平面设计、以因特网为媒介传播的所谓"纯艺术"，甚至手机铃声等，只要以数字技术为载体，具有独立的审美价值，都可以归类到数字艺术。数字艺术作品一般在创作过程中全面或者部分使用了数字技术手段。

狭义的数字艺术指的是用计算机处理或制作出的与艺术有关的设计、影音、动画或其他艺术作品，也称之为 CG（Computer Graphics，电脑图形）。数字艺术相对于传统艺术作品，在传播、存储、复制等各个方面都有不可替代的优势。随着电脑的普及，从事数字艺术的人员从量的变化提升到了质的变化，分布到行业的各个层面。数字艺术的发展以电脑硬件和数字艺术软件为基础，很多软件公司如 Adobe 软件公司、Autodesk 公司等因此走在了时代的前列。Adobe 数字艺术学院就是一个不错的数字艺术学习交流平台。

2. 数字媒体艺术

数字媒体艺术是以数字科技和现代传媒技术为基础，将人的理性思维和艺术的感性思维融为一体的新艺术形式。数字媒体艺术是视觉艺术与设计学、数字媒体的技术体系和数字媒体文化与传播相互交叉的学科。数字媒体艺术不仅具有艺术本身的魅力，而且拥有区别于其他艺术形式的独特优势——它的表现形式、创作过程必须部分或全部使用数字科技手段。数字媒体艺术的突出表现是"数字CG 艺术"或"电脑美术"，含有从平面到三维、从界面到内容的综合艺术表现形式。它的应用表现形式包括借助数字技术或数字媒体来创作的视觉艺术或设计作品，如数字视频和数字电影、平面艺术设计、工业设计、展示艺术设计、服装设计、建筑环境设计等；其表现手法外延涉及就更广了，包括互动装置、多媒体、电子游戏、卡通动漫、数字摄影、网络游戏等。数字媒体艺术是目前艺术设计领域中最具有生命力和发展潜力的部分，是信息学科向文化艺术领域拓展的新方向。

1.3.2 数字媒体艺术的属性

数字媒体艺术涉及多学科，是数字技术＋艺术观念＋媒体变革的历史产物，具有双重属性。

1. 基于"新媒体"的先锋艺术

数字媒体艺术是基于网络和"新媒体"的艺术，强调其和传统艺术的区别。与之相关的使用频率最高的关键词包括先锋艺术、科技艺术、新媒体、表演艺术、影像装置、观念艺术、沉浸体验、网络、虚拟现实、人工智能、"达达"主义和杜尚、约翰·凯奇、激浪艺术、前卫电影、超现实等。其表现形式具有与互联网、宽带媒体、移动网络媒体、交互装置艺术等密切结合的"技术化艺术"的特征。

2. 基于数字内容的设计艺术

数字媒体艺术是基于电子技术和数字化媒体的艺术,强调其和传统艺术设计的密切联系,特别是它在商业设计艺术和大众娱乐文化中的地位和影响。与之相关使用频率最高的关键词包括工业设计、视觉传达、数字媒体、人机界面、影视艺术、动画、数字电影、网络游戏、出版与印刷、电视节目包装、数字视频与DV艺术、大众艺术、波普艺术、安迪·沃霍尔、网页设计和多媒体设计等。其表现形式具有与数字化媒体和商业艺术等密切结合的"大众艺术"和"应用型艺术"的特征。

1.3.3 数字媒体艺术的分类

数字媒体艺术所涉及的领域很广,包括广告设计、建筑和工业设计、多媒体产品设计、网络媒体设计、交互游戏设计、CG 影视特技和动画设计、服装和纺织品设计以及数字化信息设计或展示设计等。

按照作品形态分类如下:

1. 静态表现艺术

静态表现艺术主要是指数字媒体艺术作品的最终展示形式为印刷品、喷绘作品、数字照片、网页图像或单帧的三维渲染图片等,其中界面设计和插图设计是数字媒体应用的重要领域。

2. 动态表现艺术

根据创作工具,动态表现艺术可以分为电脑动画艺术和后期特技艺术。电脑动画艺术通过计算机生成动画并进行数字视频编辑;后期特技艺术是对视频素材进行加工、剪辑和特技合成的艺术。

3. 交互表现艺术

交互表现艺术主要通过与电脑动画艺术、交互控件设计和视频艺术的合成来实现,可以派生出虚拟现实艺术、Web 3D 艺术、网络游戏艺术、数字雕塑和Flash 2D 交互动画艺术等丰富的数字媒体表现形式。

1.3.4 数字媒体艺术的特征

数字媒体艺术形态继承和发扬了数字媒体的特性,以一种新的视觉艺术语言来诠释和表达艺术家们的感受，丰富着我们今天的数字化生活。数字媒体艺术借助后现代主义的表现手法重新建构数字精神世界，具有多重独特的美学特征，正日益显示出强大的生命力。数字媒体艺术的特征如下：

1. 作品的参与性或互动性

数字媒体艺术是以互动理念和互动技术为核心的新型媒体艺术类型。20世纪计算机和因特网的出现，大大改变了空间与地域的概念，使艺术的创作媒介与表现形式发生了巨大变化，文化全球化的趋势日益增强，艺术的表现形式也随着数字化的理念发生着转变，互动性成为数字媒体发展的一个重要方向。

"参与和互动"构成了数字媒体艺术独特美的价值。"网络多媒体艺术"打破了传统的在特定地点与特定时间中的作品展出方式，欣赏者可以参与到作品的互动过程中，根据自己的理解和喜好，对艺术作品进行修改，创造出符合自己审美趣味和理想的艺术版本。这种人机交互的机会为人们的艺术欣赏、艺术创作、艺术评论开辟了美好的前景。

2. 可复制性和可编辑性

数字媒体艺术中的复制性与真实性并非传统艺术意义上的"复制"或"表现"，它创造的虚拟现实将数据翻译成现实的形象，是一个既虚幻又实在的现实。因此人们就拥有了两个现实的世界，一个是真实的，一个是虚拟的。数字媒体艺术是对现实的虚拟而不是模拟，是替代品，或者说是一个另类的现实。传统艺术价值观中代表"原创性"的纯粹艺术的观念，今天已通过电视、网络等手段被广泛媒介化。

3. 媒体集成性和综合性

由于计算机的出现，打破了传统意义上根据媒体材料和技术进行艺术分类的方式，由此诞生了新的艺术形式——数码艺术。由于数字艺术的本质是基于二进制的数字语言艺术，数字化处理可以把声音、图像、文字、动画、电影、视频等不同的媒体信息"翻译"成为统一的"世界语"即数字语言，因此数字媒体艺术的制作和传播过程就带有媒体集成性和综合性的特点。

4. 数字商业娱乐性

数字媒体艺术作为一种新的艺术形式为人们提供了更广阔的艺术空间，尤其为原来没有机会或没有能力从事艺术活动的人们提供了体验艺术创造乐趣的条件。数字媒体艺术的商业娱乐性是和大众艺术引领的艺术审美泛化分不开的，所有基于人类审美习惯和特征而创作的作品都使得当代审美的外延与内涵得到了明显的扩大与延伸，数字媒体艺术的普及为大众文化和娱乐作品的开发提供了土壤。当代艺术以通俗性和大众性为主，总体格调是平面化、标准化、轻松活泼、推崇快感和经济，这充分体现了数字媒体艺术所具备的"人人参与、不分贵贱"

的民主化艺术特征。

5. 网络传播性、沉浸性和虚拟性

互联网的迅猛发展，使得远程传输数字媒体艺术作品成为现实，同时也为观众的参与和互动创造了一个全球的数字平台，网络艺术作品在受众的交互控制下逐步展开，使得网络艺术作品永远处于动态之中。除了网络交互作品外，数字媒体艺术作品还可以利用虚拟现实技术将声音、音乐、光线、电子影像、机械互动装置、遥控器等多种媒体结合起来，构造出一个先进的数字化虚拟时空——"虚拟展厅"。

1.4 数字媒体设计

数字媒体设计是随着计算机的发展和应用而产生的一种新的交叉型设计领域，它综合应用许多领域的知识，把传统的编辑手法与平面设计、界面设计、信息设计以及软件设计技巧结合起来，构成基于计算机和网络的信息传达系统。数字媒体设计属于视觉传达设计的范畴，是借助于网络媒体、光盘媒体及其他数字媒体的大众传播媒体，作用于人的视觉，其目的是为了传播信息、追求意义，从而使受众发现"数字"所承载的功能价值、经济价值和审美价值。

1.4.1 设计的概念

设计是一个思维过程，即确定"形"的过程，也就是为产生连贯有效的整体而建立各部分之间联系的思想计划。从字面上说，是在正式做某项工作以前，根据一定的目标要求，预先制定方法、图样等；按广义来说，是指具有明确目标的构思与计划，包括每一步骤的确立与编排，以求目标的实现；按狭义来说，是指把具有明确目标的构思与计划，通过一定的视觉化手段来创造形象的过程。

设计行业经过了一百多年的演变，在我们的日常生活中，可以说已经是无处不在了。从人、自然、社会的对应关系出发，设计可以分为几类，主要有连接人和社会的视觉传达设计、连接人和自然的产品设计、连接社会和自然的空间环境设计，还有以上三类与设计文化交叉的综合设计。

1. 视觉传达设计

视觉传达设计是借助视觉符号传达信息的设计，如摄影、广告、包装、装帧设计等。视觉传达可以通过具有指示性的媒介物对受众进行客观的、通达性的信息传达，地图、导游图等属于这个范畴；也可通过具有记录性和表现性的媒介物对受众进行说明、劝诱、感化性的信息传达，如照片、招贴、影视等。视觉传达通过视觉的发现、观察和体认，借着对图形语言的某种共识进行信息沟通和传播。

2. 产品设计

产品设计是对工业产品设计的总称，其特点是必须以大批量、机械化为条件，以满足大众生活需要为目的。产品设计是对产品的功能、材料、工艺、形态、色彩、表面处理、装饰等因素从社会的、经济的方面进行综合设计。产品设计又可分为四大类：消费产品（如食品、化妆品等），专用产品（如晚礼服、签字笔等），通用产品（如公共汽车、餐具等），专业产品（如仪器外形设计等）。

3. 空间环境设计

空间环境设计是对人类生存条件、生活方式与水准的人为设计与改善。环境设计的范围非常广泛，主要分为室外设计（如建筑、园林、城市规划等）和室内设计（如居室、办公室、营业场所等）。

4. 综合设计

以上三种分类并不是绝对的。在实际设计工作时，通常综合多种设计方式和领域，也就是综合设计。例如企业识别系统设计就是视觉传达设计、产品设计与空间环境设计三大方式的综合设计。

1.4.2　光盘媒体设计

光盘媒体信息存储在光盘上，通过计算机的光盘驱动器阅读，可以方便地携带。光盘媒体的基本硬件条件仅为客户机或单机，因此光盘中一般须自带演播或运行环境，这个环境是由一个或多个可执行的 EXE 文件构成。EXE 文件的生成方式多种多样，因此光盘媒体的设计手段相对更灵活。如果设计开发出的网站内容容量有限，也可将其刻录在一张光盘上，通过客户机进行浏览阅读或播放。

光盘因其大容量、易保存、易携带、成本低、安全可靠等特点，在网络发展的早期就得以广泛应用，光盘出版几乎涵盖了传统图书出版的各个领域。虽然网络上可以存储海量信息，但是目前网络传输率还没有达到理想的水平，在网络上还不能实时播放大数据量的媒体内容，而光盘的容量约为 650MB，双面双层的 DVD 光盘容量已经高达 17GB，足以集成丰富的多媒体信息；虽然光盘不具备网络的互动性、实时性和内容更新的便捷性，但是在偏远地区，光盘的应用还是有广泛的市场，在很长一段时间还是会与网络媒体共存。

1.4.3　网络媒体设计

网络媒体设计已经成为了一个新的交叉的行业，网络媒体设计与平面设计、计算机和网络技术以及网络传播都有很大关联。因特网同时具有软件的互动性和非线性、多种媒体组合以及受众协同参与的特征。网络媒体信息存储在网络服务器。通过因特网的浏览器，各种媒体信息被受众浏览和接收。网络媒体设计是基于因特网的信息传达设计，属于系统软件工程，包括选题、策划、市场定位、开发组织、网站结构设计、互动设计、界面设计、开发管理等全过程。网络媒体设计是技术与艺术的融合，通过美学上的愉悦和浏览导航的便捷，达到有效传达信息的目标。

1.4.4　媒体软件设计

数字媒体设计包含许多学科的知识，既具有一般视觉传达设计的共性，又具有数字化的特性，依托于数字化传达的互动环境来表述信息。数字化传达意味着信息的采集、处理、存储、传播和接收的整个过程都是数字化的，也就是说，信息最终是以某种应用软件的形式出现的。数字媒体软件充分发挥计算机的优势，以信息为主，借助各种媒体手段对大容量的信息进行存储、分类、检索和查询，把它们有效地呈现、表现或演示给受众，实现软件的互动控制。

1.4.5　数字艺术设计

数字媒体设计之根本是"为传达而设计"，将信息创造性地组织在一起，并通过数字媒介传达给受众。这个过程需要综合数字技术、设计艺术、大众传播、受众心理学甚至市场学等各方面的知识。受众是传达设计的中心，与纯艺术相比，更是设计传达的对象；与传统的视觉设计相比，数字媒体不仅与数字技术息息相关，而且增强受众对这种新媒体的认知也是需要探讨的新问题。

1. 艺术与设计

现代美学认为，艺术既包括精神性产品，也包括精神与物质结合的产品，特别是在现代高科技社会，艺术中必然会有技艺的成分，因此，艺术应包括美的艺术或纯艺术和实用艺术。纯艺术更多的是一种情感的表现，是一种个性化的活动；而实用艺术，包括设计艺术在内，其功能性是必须关注的一个主要方面。

从史前时期起，人类就开始探索用各种方法以视觉形式表达自己的想法和情感，并以此储存和传达信息。从远古的结绳记事，到文字的产生，到印刷媒体，直至数字媒体的运用，视觉设计越来越显示出强烈和广泛扩张的影响力。但是，视觉传达设计最为根本的一点并没改变，就是将所欲传达的信息情感诉之于人的视觉。信息的释放是视觉传达设计的客观要求。

视觉传达设计就是试图从功能的有效性和美学的愉悦性两方面来解决传播问题。视觉传达存在于与人机互动界面有关的软件设计中，因此，传达是设计的第一要素。对于数字媒体视觉传达效果的评价，其功能价值、经济价值和艺术价值的高低，首先取决于信息传达的效果。因此，视觉传达的本质就是信息的传达，特别是在数字媒体设计中，信息的释放和交流是设计的根本。

与纯艺术不同的是，在视觉传达设计中，信息的释放并非设计师一味主观地自我表现，它必须以客观的传达对象为诉求目标，可视性或者说能够被受众所接受是视觉传达的前提。释放的信息如果不具备可视性，无疑等于"自说自话"。当然，并非所有预备传达的信息都是可视和直观的，如同部分汉字所蕴涵的意义并不能从字形上直接感知一样。设计师的工作就是要用视觉语言将可视或不可视的信息传达出来。从另一方面来说，正如纯艺术和实用艺术没有绝对的分界线一样，好的设计作品也能够成为艺术品。

2. 技术与艺术的融合

数字媒体设计是以信息技术为基础的视觉传达设计。信息技术与人文艺术、左脑与右脑之间有着公认的明显差异，但是数字媒体设计与传达却可以在这些领域之间架起桥梁。正如电视的发明是由于技术的推动，然而电视发明以后其传播应用则主要由一群艺术工作者来完成，后者无论在价值观还是在知识结构、文化背景方面都与前者截然不同。

计算机和网络的发展、普及已经使信息技术离开了纯粹技术的需要，数字媒体设计需要信息技术与人文艺术的融合。技术的发展是技术应用的基础，目前数字媒体技术还处在不断完善与发展之中，因此掌握数字技术的应用是设计的基础；并且，在信息技术日新月异的今天，技术的更新使得数字媒体设计中技术的含量尤为重要。

数字媒体是把文字、声音、图形、图像系统和计算机甚至网络系统集成在一起的一个整体，它通过计算机对多种媒体信息进行数字化处理和传播。网络上无论何种信息，最终都要通过二维屏幕空间展示出来。数字媒体具有图、文、声、像并茂的立体表现的特点，因而能更有效、更直接地传播丰富、复杂的信息。但也正因为多媒体表现的丰富性，常常带来信息冗余及误解。根据系统论和视觉认知的理论，整体绝不等于组成整体的各个部分的简单相加。多媒体不是简单地把多种媒体混合叠加起来，而是把它们有机地结合、加工处理并根据传达的需求相互转换。技术的应用也是为了传达的目标，多种数字媒体的综合利用可以改善信息的表示方法，改善人与计算机的界面，将人们的各种感官有机地组合来获取相关的信息，从而更吸引人的注意力，使传达的信息更易于接受和理解，使"整体大于各孤立部分之和"，从而达到更好的传播效果。如何使整体大于部分之和，如何利用多种媒体的各个表现方式并使之综合，有针对性地、最有效地传达信息，就日益成为一个值得研究的课题。因此，数字媒体传播是一个文理融合的全新领域，需要把信息技术和设计艺术有机地融合在一起。

3. 以人为本的设计

由于媒体设计是以信息传达为目标的，只有释放的信息符号被受众解读，意义才能被传递。由于人们的生活空间、经历以及所处的时代文化背景不同，其所派生的思想意识、生活习惯、文化艺术的生产方式也不同，差异决定了人们视觉经验的不同。因此设计师必须考虑到传达对象的视觉经验的差异，根据不同受众的视觉经验、不同的接受程度来进行设计构思，从而确定视觉传达的形式与方法。否则，设计中所释放的信息就不能实现传达。

各种视觉经验共同存在于人们的记忆中，它们互相依托、互相补充，视觉设计师在利用这些视觉经验时，要有意识地利用创意，调动受众的行动来参与创造，使信息传达更直观、快捷，也更有效。此外，在追求信息的可视性与可读性的同时，还不能忽略情感因素对于信息传达在理解和认知方面的作用。

伴随着人们的心理活动而引起的情感变化，对于视觉认知和视觉信息的理解意义重大，因此在情感传递上，视觉传达设计与其他艺术表现形式一样，在寻求接纳与沟通时，更凸显其作为艺术形式的创造和特征。因为形式既是视觉的对象，也是感情的媒介。特别是在信息爆炸的网络时代，对过量的视觉资讯人们往往觉得鱼龙混杂，垃圾信息过多，以至于在心理上容易采取视若无睹的态度。因此，数字媒体的设计与传达，更需以"动之以情、晓之以理"的方式完成信息的释放。

优秀的设计在完成信息传达的同时，还给人以情感上的满足，这是视觉语言精神功能的体现。在情感的构思中，设计师要根据信息的内容和主题，进行富有想象力的创作，把技巧、知识、直觉和感情因素融合为一体，转化为鲜明生动、精彩奇妙的视觉语言，尤其需要借助形象思维达到情与形的结合，赋予形象以丰富的感情色彩，以情感人，唤起人们对真善美的追求。

1.5　数字媒体应用领域

数字媒体具有多样性、交互性、趣味性和集成性的特点，易于接受和传播，其应用领域非常广泛，几乎遍布各行各业以及人们生活的各个方面。随着因特网的发展，一些新的应用领域正在不断开拓，前景十分广阔。

1.5.1　数字游戏

数字游戏是以数字技术为手段设计开发、以数字化设备为平台实施的各种游戏。相对于传统游戏,数字游戏具有跨媒介特性和历史发展性等优势。数字游戏包括个人游戏、网络游戏、无线与在线游戏。

数字游戏已成为仅次于电视、音乐的第三大娱乐产业。从全球网络游戏市场来看,中国网络游戏市场规模已经远远超过韩国,成为全球最大的网络游戏市场。2009 年中国网络游戏市场规模达到 258 亿元,比 2008 年增长 39.5%,2003年到 2009 年的 6 年间中国网络游戏市场规模年均复合增长率为 52.5%。

1.5.2　数字动漫

动漫产业分为:动漫娱乐、动漫教育、外包项目开发、多媒体/网页设计及视觉特效。在对全球产业状况的分析中,Pixel Roncarelli Report 曾指出,全球动漫产业在此后的几年中将持续增长,美国、日本仍为动漫产业大国,不仅在技术上领先,而且人才和创意丰富,有能力开发极为复杂的 3D 动画。

我国数字动漫产业正处于起步阶段,基本以引进、加工、代理运营为主,国内动画片总产量为 2.9 万分钟,市场需求却在 26.8 万分钟以上,实际需求缺口达 23 万分钟,并且大多数动画企业仍以加工日、韩等国动画产品为主。

1.5.3　数字影音

从 MP3、MP4 到家庭娱乐 DVD、高清播放,数字影音已成了消费电子产品近期发展的主旋律。影音内容囊括电影、电视和音乐,其中影视市场所占比例最高。纵观全球市场,欧洲、美国、澳大利亚等地当之无愧地成为数字影音技术发展的前沿地带,国外成功推出的许多数字影音方案也逐渐被引入中国市场。数字影音市场呈现增长态势,同时受到宽带、数字广播兴起和消费模式改变的影响。各国政府纷纷鼓励在发展数字广播的基础上革新电视信号,以宽带数字信号代替模拟信号,同时在 Cable 线路上传递数字信号,在电视业务中增添上网功能和多元化的远程互动服务。另外,线上音乐已开始蓬勃发展,销售模式也向多元化方向转换,并渐渐得到人们的认可。

1. 网络电视

网络电视(IPTV, Internet Protocol Television)以互联网协议支持的宽带网络为传输渠道,以视音频多媒体为形式,以互动个性化为特性,通过宽带网络向所有宽带终端用户提供数字广播电视、视频服务、信息服务、互动社区、互动休闲娱乐、电子商务等宽带业务。网络电视是在数字化的网络背景下产生的,是互联网技术与电视技术相结合的产物,在整合电视与网络两大传播媒介过程中,网络电视既保留了电视形象直观、生动灵活的表现特点,又具有互联网按需获取的交互特征，是综合两种传播媒介优势而产生的一种新的传播形式。可见，网络电视就是一种宽带交互新媒体，任何网络都可以传输。其突出特点是：既可以看实时广播节目，又可以点播事先录制好的节目。

2. 数字电视

数字电视是指从演播室到发射、传输、接收的所有环节中流通的信息都采用数字信号，除了能提供图像清晰度高、声音效果好、抗干扰能力强、业务质量稳定、频道数量多的电视广播业务外，还可以开展多功能、个性化信息业务的视听服务体系。数字电视广播的目标是为家家户户提供一个集公共信息传播、信息服务、文化娱乐、交流互动于一体的数字媒体信息终端。数字电视既可以提供公共类节目的"广播"，又可以提供专业化、个性化节目的"窄播"；既可以提供单向式广播，又可以提供交互式点播；既可以提供广播影视节目，又可以提供多种信息服务；既可以提供文化娱乐，又可以提供商务服务。

3. 直播卫星电视

卫星直播电视是通过设置在赤道上空的地球同步卫星接收卫星地面站发射的电视信号，再把它转发到地球上指定的区域，再由地面接收设备接收供电视机前的观众收看。

4. 移动电视

移动电视是以移动方式收看电视节目的一种技术应用。移动电视传输的是数字信号，不仅图像更加清晰，而且只要达到接收条件，不管信号强弱，接收效果都一样好。最关键的是移动电视支持移动接收，理论上移动速度在 900km/h 内都可以正常清晰地接收电视信号。这样，人们可以在任何安装了接收装置的公交、地铁、轻轨、磁悬浮列车、机场、出租车以及其他各类人流聚集的区域收看到画面清晰的移动电视。

5. 电视通信

电视通信可以将电视和电话完美地结合起来，通过三重播放应用交换平台，用户的固定电话或移动电话的呼叫信息都可以在电视上体现出来。用户可以创建、编辑自己的通讯簿，并存储在 IP 机顶盒中。当用户在收看电视的同时如果有电话呼入，电视屏幕上会显示来电的号码以及来电人姓名、照片等相关信息，并等待用户选择处理。用户拨打电话时也可以通过电视遥控器查找通讯簿，发起电话的呼叫。另外电视通信还可以帮助用户进行电话历史记录，即使不打开电视，网络也可以将所有未接听的电话信息记录下来，并在你打开电视的同时显示历史信息。

电视通信还可以为用户提供短信互通的功能，无论是移动手机还是小灵通手机，都可以和电视机进行短信互通，接收短信可以在电视屏幕上显示，而发送短信也可以在看电视的同时用电视遥控器来完成。

6. 电视博客

互联网络发展到今天已进入了 Web 2.0 时代，用户越来越多地在寻求一种个性化服务，比如像网络博客这种新兴的业务。上海贝尔阿尔卡特的电视博客将互联网的文化也融合到了网络电视中，用户可以通过电视博客的功能将自己制作的视频和图像通过电视传送到指定的受众群。

用户可以通过电视博客创办自己的电视台，通过电视展现自己的视频节目或相片给别人看，让用户从视频的被动接受者而一跃变成视频的参与者和制作者，并能产生与人分享的愉悦，而且作为发布者，用户可以去定义自己的受众群。

7. 好友电视

好友电视就是通过电视为个体之间构造一个虚拟的交流空间，使位于不同地理位置的朋友在观看电视的同时可以随意地沟通思想。

当用户打开电视的时候，可以在电视上看到预先设置的朋友列表、朋友是否在线观看节目以及所在的电视频道，并可通过电视遥控器切换到与朋友相同的频道；在观看电视的过程中，可以与朋友分享情绪，比如向对方发出代表感情含义的卡通等，朋友之间可以随时通过遥控器进行文字聊天，或通过耳麦进行实时的语音聊天。

8. 广播电视任我行

这是一种灵活的广播电视推送策略。用户可以在较低宽带速率接入情况下，观赏高品质保证的高清电视；可以在观看电视的同时，通过画中画电子小菜单进行翻阅浏览，或使用半透明覆盖式全屏菜单列表浏览更多更详细的节目信息；还可以查找并观看过去遗漏的电视节目，对未来某一时段的节目进行定时录制，实现广播电视节目的时移功能。多角度电视，可以让用户通过多个角度观看现场直播的球赛、演唱会现场，还能通过特制频道了解现场花絮、球员资料、明星档案、历史背景等。运营商还能使用热门排行榜，把观赏率最高的若干频道推送到客户家中。

有了这些"魔幻应用"，用户永远不会错过喜爱的电视节目，而节目内容也将能够更有效地被进行检测和管理。电视的收看效率将会大大提高，让所有电视用户成为电视真正的主人。

9. 视频点播

高度灵活、专业的视频点播系统，将通过开放的媒体套件，实现对用户的精确管理，建立符合市场需要的价格和策略引擎，满足各类用户个性化的需求以及付费选择。视频点播（VOD）对终端用户而言，将是一个阵容强大的"在线自助影库"。运营商则可以在后台精确地掌握用户收视情况，以最真实可靠的一手数据制定准确的运营策略和营销策略。

10. 电视冲浪

TV-Internet 电视冲浪使运营商能提供基于电视终端的电子邮件和网页浏览业务。用户在客厅就可以舒舒服服地用遥控器或无线键盘在电视上浏览网页、收发电子邮件，无须电脑设备便可享受永远在线的高速接入。

数字媒体的发展在某种程度上体现了一个国家在信息服务、传统产业升级换代及前沿信息技术研究和集成创新方面的实力和产业水平，因此数字媒体在世界各地得到了政府的高度重视，各主要国家和地区纷纷制定了支持数字媒体发展的相关政策和发展规划。美、日等国都把大力推进数字媒体技术和产业作为经济持续发展的重要战略。

1.5.4 数字学习

数字学习是将学习内容数字化后，以计算机等终端设备为辅助工具进行的学习活动，包括数字学习内容制作、工具软件、建置服务、课程服务等。

计算机网络及信息科技的蓬勃发展带动了数字学习的浪潮，借助于各种信息设备的辅助使学习不再局限于固定的时间、地点及学习教材，而是任何时间、任何地点、任何情境的数字学习甚至是终生学习。针对各种不同目的而开发出的数字学习平台也因此应运而生，学习者可以透过各种方式存取平台上的数字化内容。

全球数字学习市场规模不断扩大，社会各界对量身定做课程服务的需求进一步加强，数字学习服务市场具有很大的挖掘潜力。北美企业引入数字学习来降低培训成本，例如 IBM 的 BasicBlue 线上学习计划，就提供 20 万名员工线上学习的机会。据 IDC2003 统计，引入数字学习的企业有 80% 逐步证实了数字学习带来的"符合成本效益"的好处，使教育训练更有效率、企业生产力得到提升，因此，引入数字学习的企业越来越多。此外，北美公立教育机构应用数字学习的体系已十分成熟，其中有 80% 的学校设立了网络教育。亚太地区的数字学习还处于萌芽期，将来该地区的企业市场发展速度会更快。

1.5.5 数字出版

数字出版是在出版的整个过程中将所有的信息都以统一的二进制代码的数字化形式存储于光盘、磁盘等介质中，信息的处理与传递则借助计算机或类似设备进行。它强调内容的数字化、生产模式和运作流程的数字化、传播载体的数字化和阅读消费、学习形态的数字化。在不同的时期，数字出版的内涵也不尽相同。

数字出版在我国虽然起步较晚，但是发展很快，目前已经形成了网络图书、网络期刊、网络地图、网络教育、网络游戏、手机出版等新业态。

1. 印前数字化

印前是一个非常宽的范畴，它包含了印刷前的所有工作程序，譬如组稿、审稿、编辑、图文混排、打样、制板等。其间数字化的环节越少，工作流程就会越多、越长。

（1）编辑数字化。

所谓编辑数字化，就是把编辑部的工作流程数字化。出版单位的稿件来源呈现多元化趋势，作者提供的稿件既有手写版、打印版，也有电子版。电子版采用的系统、文件格式也多种多样。另外，有以软盘、光盘等介质存储的稿件，也有以E-mail 的方式提供的稿件，这自然给编辑部增加了许多不必要的工作程序和负担。

实际上，编辑电子化、信息化的应用已出现多年，有很多公司提供各种自动化的编辑系统，一些大的出版社、报刊社也设置了作者提交稿件的网上系统，它可以让作者通过 FTP、E-mail 或者在线提交的方式投递稿件，并定期给出答复、结果。这样的初级 MIS 性质的系统在目前以纸质出版物为主流的环境下，尚可以勉强应付，但随着整体出版流程数字化程度的提高，出版单位建立一种以完全数字化为基础的信息化编务系统就越来越有必要。

（2）制作数字化。

①现代桌面出版系统。

计算机图文合一处理技术的大量应用应该归功于通用计算机在计算速度和存储容量上的飞速提升，它使实时图像信息处理成为可能；同时也应该归功于图文合一处理软件的不断进步和完善。这样，不但在同一计算机系统内可以完成图像和文字的处理，而且还可将处理完毕的图像和文字在计算机屏幕上进行拼接，完成传统手工难以实现的复杂拼版作业。这样所形成的数字式页面在质量上已达到专业水准，完全可以满足直接扫描输出的要求。进入 20 世纪 90 年代，图文合一的输出设备——图像照排机在技术和质量上也日趋成熟，为图文并茂的数字化页面的整合输出创造了条件。印前处理开始进入计算机图文合一、整页胶片输出的时代，数字链从原稿延伸到了整页胶片。

采用桌面出版系统后，工作流程可以简化为：文字录入、扫描图像、组版、分色曝光、冲洗、晒版打样、完成彩色印前处理。

②数字标准格式。

专有格式印刷业常用的数据格式有 TIFF（Tag Image File Format）、PICT（苹果公司制定的图像格式）、PS（Post Script）、EPS（Encapsulated Post Script，封装PS 文件格式）、TIFF/IT（Tag Image Format for Image Technology，印刷用标签图像

文件格式)、PDF（Portable Document Format，便携式文件格式）、PDF/X（广告设计用数据格式）等。其中，TIFF 因其文件及改动成本较大等原因，虽然在印刷出版行业应用时间很长，但并没有成为行业统一标准，大多只在印刷厂内部交换文件时使用。目前，行业已经逐步趋同于把 PDF 作为统一的数据输入格式。PDF 是由美国 Adobe Systems 公司提倡并向全世界公开的文件形式，它与操作系统平台无关，易于传输与储存。用 PDF 制作的电子书具有纸版书的质感和阅读效果。此外它还能将目前印刷品不能表达的要素（超链接、动画及声音文件等）同时记录在同一文件中，通过互联网等媒介传播。TIFF/IT 是适用于印刷制版所使用的用于栅格后数据文件交换的格式，TIFF/IT 子集包括 FP（Final Page，由各式档案所组成的完整一页）、CT（Continuous Tone，连续调图像数据）、LW（Line Work，线条稿）、HC（High Resolution Continuous Tone，高清晰度连续调图片）、MP（Monochrome Picture，单色图片）、BP（Binary Picture，二位图片）、BL（Binary Line Work，二位线条图）等图像格式。TIFF/IT 子集从 1999 年开始成为数字广告的标准格式，在世界范围内得到大量应用。

（3）处理数字化。

处理数字化实际上主要就是形成印刷用的位图的环节，这是点阵图像处理器（RIP）的作用。RIP（Raster Image Processor）是用来将页面描述语言转换为控制输出设备的信号，使输出设备能依据页面描述语言的叙述而输出该文件的工具。其方式是将文件转换成点对应模式，然后驱动输出装置，用激光打印在底片或相纸上，以激光点的方式形成影像。RIP 一般可以分为硬件 RIP 和软件 RIP 两种，输出设备则可以是各种彩色/黑白的激光、喷墨、热转印或热升华打印机，以及照排机、阳图记录器等。

（4）输出数字化。

输出数字化就是采用数字打样技术进行电脑直接制版。

数字打样是直接由数据文件通过喷墨打印机等设备成像生成样张，是从计算机到样张的全数字式过程。该技术的关键在于彩色输出设备和材料，目前有两种基本方式：以彩色硬拷贝为最终结果的硬打样和以彩色视屏显示为最终结果的软打样。随着图文合一处理和彩色打印技术的不断完善和发展，目前通过数字式彩色打样机得到的样张在质量上和效果上已经与正式印刷品非常接近，达到客户认可的合同样张的水平。

电脑直接制版（Computer to Plate，CTP）是指经过计算机将图文直接输出到印刷版材上的工艺过程。CTP 技术不用制作软件，不依靠手工制版，输出印版重复精度高，网点还原性好，可以根据完善的套印精度缩短印刷准备时间。

需要特别指出的是，许多报刊的广告都是广告公司提交胶片，然后与原来输出的内容胶片进行拼版，这是一个很没有效率、经常出错和发生纠纷的环节。网点扫描仪可以对广告胶片重新加网点，生成电子文件，再加入到排版系统中。

电脑直接制版技术废除了以往印前处理的所有中间环节和设备，从而结束了印刷复制长期依赖银盐感光胶片的历史，实现了印刷复制过程的无银化，具有巨大的经济效益和社会效益；它大大地简化了整个工艺流程，使印刷出版只需经过图文排版、直接制版就可直接印刷，具有其他任何制版系统无法比拟的快速、准确、稳定、重复性强、简洁、质量容易控制又不需要胶片的优点。

2. 印刷数字化

（1）数字印刷机。

能够接收以数字形式的版面信息并实现印刷的设备，称为数字印刷机。采用数字印刷是从计算机直接到印刷品的全数字化生产过程。印刷机按照数字印刷机的结构，可分为无版数字印刷机和有版数字印刷机两种；按印刷方式可分为逐张印刷不同图文的机型，以及每个活件的图文都一样的机型。

有版数字印刷机在印版滚筒上必须装有预先制好的印版，只不过此种印版是在印刷机上直接制作的。与传统的印刷机相比，虽然这种印刷机也需要制版，但由于它是在机方式的直接制版，只需一台印刷机就可以完成由数据到印刷品的制作过程。然而这种机器由于还采用印版，所以无法实现可变数据印刷。

无版数字印刷的共同特征是实现可变信息印刷，包括电子照相方式、电凝方式和喷墨方式等类型。无版数字印刷机省去了传统的打样、晒版、冲版、挂版、洗橡皮布、归位调整、水墨平衡、试车等工序，不存在成本分摊；它的第一张到无数张的单品耗材成本不变，所以在短版印刷中占绝对优势，并使"按需印刷"成为可能。

（2）数字纸。

"数字纸"（Digital Paper）这个概念在目前还没有一个明确的解释，它可以指利用构成"纸"的数字化"墨水"在一些非纸介物上进行打印的技术；也可以指利用数字笔技术在数字化的阅读器上进行书写的"无纸物"。

所谓数字墨水，就是将一些与人类头发差不多宽度的塑料珠嵌入一张有弹性的透片中。每颗珠子都是双色调，半白半黑，各带相反电荷。若施加适当的电场到透片表面，珠子就会翻转、定位，将黑或白面呈现在观视面上，达到"油墨"写在正确位置的效果。

数字笔与普通的圆珠笔相仿，但它却内嵌了摄像机、专用 CPU、蓝牙芯片、墨脱水盒、电池、USB 插口、内存等元件，几乎是一台特殊的小型电脑。用户用数字笔在相对应的数字纸上书写，可以把文件通过 USB 线传送到 PC 机，作为短信息发送到移动电话或电邮到其他信箱，也可以通过传真发送出去。

3. 印后数字化

（1）数字出版物。

①离线出版物。

所谓离线出版物，是指不需要上网就可以单浏览的出版物，一般包括以VCD、CD、DVD 为主要载体的数字音像制品和以 CD-ROM、DVD-ROM 等为载体的多媒体电子出版物。随着电脑用户的大量增加和光盘等媒介物价格的大幅下降，多媒体电子出版物目前已经成为报刊和出版社的重要出版品。

②网络出版物。

所谓网络出版物，是指在互联网上发布的出版物，它是伴随着互联网技术和市场的成熟而发展起来的。网络出版物的定义非常宽泛，因为网络世界里人人都可以成为信息的发布者，譬如 BBS、博客、电子杂志、个人主页等。但是在本书中我们以合法（具有法人实体）的出版单位的出版物为准进行介绍。

③按需出版。

随着无版数字印刷机的产生和大规模应用，结合自动化装订等印后技术，按需印刷技术的实现也使按需出版成为可能。在按需出版流程中，出版单位出版图书完全依据市场需求。出版单位与作者签订供稿合同，作者需要交付一笔一次性费用，然后出版单位按版税、实际图书销售状况付给作者稿费。而读者通过网站选择想要买的书，付费后，出版商就会按需求情况进行印刷、装订、出版，然后寄给读者。

④电了书。

电子书包括很多免费提供相关内容的网页、基于计算机平台和硬件阅读器的专用系统，专用系统的电子书既包括电子书籍也包括阅读图书的软件。大多数基于计算机平台的电子书服务基本上采取免费提供阅读软件而对阅读物收费的方式。常用电子书阅读软件有 Adobe 公司的 Acrobat Reader、微软的 MS Reader、NewsStand、华康公司 DynaDoc、超星公司的 SSReader 以及北大方正的 Apabi 等。这些电子书解决方案不同，采用的电子书格式也不同。不同的电子书阅读器之间的格式是不能交换的。每种电子书阅读器都有自己专用的阅读软件以及相应的电子图书下载站点。读者购买浏览器时就可以自动成为电子图书使用者的会员，采取免费或付费的方式到相应的站点下载图书阅读。

（2）发行的数字化——网上书店。

出版社传统的发行渠道基本上是靠书店、邮购、书市订货会、上门推销等方式，中间成本很大。随着互联网和电子商务技术的成熟，网上书店作为一种新的发行渠道逐渐受到重视。

出版社建立网上书店的利益是很明显的：降低销售的中间渠道成本、加速图书的信息流传递、加强与读者的直接交流，由此也降低了图书出版的风险。出版社构建网上书店可以采取自己建立和委托专业的网上书店两种方式。前者大多是规模比较大、实力比较强的出版社，既可以让读者在网站购书，也提供了出版社与读者、作者、图书评论家、销售商、版权交易者沟通的空间，为他们建立一个类似于个人主页的虚拟空间。后一种与专业的网上书店建立合作、联盟关系的方式在目前更为普遍。

网上书店既是传统出版社发行渠道数字化的一个表现，也是传统书店面向未来转型的必然选择，更是信息社会的重要角色。

1.5.6　数字电影

数字电影诞生于 20 世纪 80 年代，是高科技的产物。随着计算机技术的飞速发展，许多传统电影制作做不到的镜头都可借助电脑完成，或者运用电脑技术会使影片更完美，于是传统电影引入了数字技术。

1. 数字电影概述

电影的数字化进程从计算机出现后就开始了，但仅限于在影片后期制作采用特技处理或者采用全数字化的素材进行创作，譬如科幻电影《最终幻想》采用的就是全数字化创作。另外，在电影制作中加入杜比（Dolby AC – 3）等技术处理的数字声音特效，也是电影数字化进程的重要成就。数字电影（Digital Film）或者叫数字电影院（Digital Theater）在影片的制作、发行和放映中都采用数字技术。与传统的胶片电影相比，它有着众多的优点，因此得到了众多产业的重视。

数字电影，是指以数字技术和设备摄制、制作、存储，并通过卫星、光纤、磁盘、光盘等物理媒体传送，将数字信号还原成符合电影技术标准的影像与声音，放映在银幕上的影视作品。数字电影从制作工艺、制作方式到发行及传播方式均已全面实现数字化。

2. 数字电影的优势

利用数字技术的确能营造出极度的虚拟空间和各种匪夷所思的景象，这些都是普通电影制作手段无法展示的。

（1）与高清晰度电视比较。

数字电视都是基于 8 位编码，以 4∶2∶0 或者 4∶2∶2 比例进行亮度、色度取样，标准清晰度电视（SDTV）分辨率只能达到 720×480 像素，高清晰度电视（HDTV）分辨率最高能达到 1920×1080 像素。数字电影图形最低都是以 10 位编码、4∶4∶4 取样、分辨率最小能达到 1920×1080 像素。

（2）与传统胶片电影比较。

①显示质量有保障。

传统电影是用 35mm 胶片素材底片（或叫负片）经过光学复印得到的翻正片

（中间正片），其密度比较低，但能够重现的灰度层次范围比较宽；影院放映用的发行拷贝密度比较高，但能够重现的灰度范围比较低。也就是说，随着环节的增加，胶片质量也逐渐下降。

数字电影能演绎全新的 5：1 声道 AC－3 音响环绕的声音效果，极大地扩展了电影声音的表现空间，使电影声音的感染力、震撼力达到了前所未有的水平；从图像效果看，色彩更加鲜明、饱满，清晰度大大提高，并改变了胶片放映时银幕中间亮、四边暗的缺陷，其均匀度近乎完美。

②发行成本大幅下降。

数字电影最大限度地解决了电影制作和发行过程的损失问题。数字技术避免了传统电影从原始拍摄的素材到拷贝过程中经过多次翻制及电影放映多次后出现的画面、声带划伤现象，即使反复放映也丝毫不影响音画质量。同时，目前发行公司每复制一部影片均需要花费一定的资金，经常一部影片需要复制上千个拷贝，但是这个数字可能超过或者远远低于市场的需求，就会导致要么拷贝被浪费，要么市场机会损失。而数字电影因为实现了数字化，制作出的数字电影可以通过数字软盘进行发行或通过国际卫星发送到世界各地的影院放映，省去了费时费力的拷贝复制和运输过程，从而能够大幅降低发行渠道的成本。

③新的收入机会。

目前的数字电影系统除了可以放映数字电影外，还可以现场转播正在进行的球赛、音乐会等。除电影之外，可以获得更多的节目收入机会。此外数字电影系统还可以灵活插播无论在形式与内容上都丰富多彩的数字电影广告，获得节目之外的良性经营收入。

数字电影技术极大地拓宽了艺术家的创作天地，给正在衰落的电影产业注入了新的活力，具有新思维的艺术创作人员和电影产业中的新兴职业，如数字电影软件设计师、电脑美术设计师、视觉效果设计师等会在 21 世纪的电影舞台上成为主角。

④为电影的发展提供了新的历史机遇。

数字电影是电影艺术展开创造翅膀的新天地；数字电影对于防盗版技术的突破使我们拥有了更高的保护技术；数字电影非线性编辑可不受时间限制随意编辑，实现输入系统、图片处理的现代化；软件、辅助设备、输出系统等技术的飞跃都会带给传统电影以新面目；而在电影之外，游戏产品、网络产品等的兴盛，都为数字电影时代的艺术家提供了飞速发展的空间。

3. 数字电影的关键技术

电影的数字化进程越来越快，代表着现代电影技术的发展方向。数字电影技术不是一项孤立的技术，它涵盖了许多领域的关键技术。深入理解数字电影的关键技术并确立正确的发展思路对于推动国内数字电影产业健康、快速、有序地发展具有重要意义。

（1）数字电影压缩编码技术。

与数字电视一样，数字电影在进行了数字化之后，节目信息量就会大幅增加。电影胶片一般每毫米能达到 50 对线，它的密度基本可以达到 3.0 以下，多通道扫描仪的色彩深度一般是每种颜色 10bit 信息，红蓝黄三种颜色共 30bit 信息。以数字电影母版最低的分辨率——1920×1080 像素计算它的信息量：1920×1080 * 30bit/pixel * 24 帧/每秒 = 15 亿 bits/每秒，两个小时的影片信息量将达到 13 000 亿字节（不包括声音），相当于 40 个 36G 硬盘的容量。这就给数字电影的存储及传输造成了很大的挑战，因此，对数字信号进行压缩是很有必要的。

数字影片的压缩标准目前还没有最后确定。人们提出了许多基于 DCT（Discreate Consine Transformation，离散余弦变换）的方法，其中包括增强 MPEG 方法和数字据块大小可变的方法。另外一种以"小波压缩"为代表的非 DCT 方法应用也较为广泛。与 DCT 所采用的分块然后分别处理的方法不同，小波压缩是一种全局的压缩方法。在变换时，图像被分为高频和低频部分，每变换一次，数据集的密度都会相应减少，然后丢弃不重要的信息以达到目的。在此基础上还可以进行帧间压缩。因为是对整幅图像进行处理，避免了基于 DCT 的方法所常见的块效应现象。在给定的压缩率下，小波压缩的图像显得更平滑。在使用小波方法进行压缩、提高压缩率时，图像质量的下降也比较平缓。

在数字电影市场已经应用的产品中，比较著名的压缩技术产品有 QuVis 公司基于小波压缩的 QPE 技术，以及高通公司专有的基于 DCT 的 ABSolute 压缩技术。

（2）加密技术。

在传统电影的发行链中，电影拷贝的流通基本是靠人来把关的。如果出现盗版，多因人的疏忽或者渎职造成。而电影数字化，因为从母版到发行拷贝的效果都是一样的，所以如果传输过程的任何一个环节出现差错，都可能招致严重的后果。譬如，盗版者可能先于各大影院在市场上发行与电影母版一样质量的 VCD 或 DVD 影碟，这对电影公司来讲简直就是灭顶之灾。因此，数字电影必须进行严格的安全管理，数字电影的安全管理主要涉及论证和加密两项技术。因为流通中的影片是被加密的，发行链中单个人的作用有所降低，而密钥的制作、发行，以及对合法用户进行有效管理是影片安全管理的关键。

图 1-2 所示的加密系统示意图展示了安全管理系统的架构以及影片安全管理的流程。其中，加密中心是核心部分，它负责密钥的制作、发行，以及对用户身份的鉴别、认证、管理。制作部门，譬如电影公司，拥有对影片的所有权，它从加密中心获得其要发行影片的密钥后，把加密后的片源通过传统方式递送到发

行部门或者直接通过卫星等网络传送到电影院。电影院获得加密的影片后，要正常放映该影片，必须到加密中心进行身份认证，获得合法认可后，方能从加密中心获得密钥，使影片得以解密，在该电影院播放。

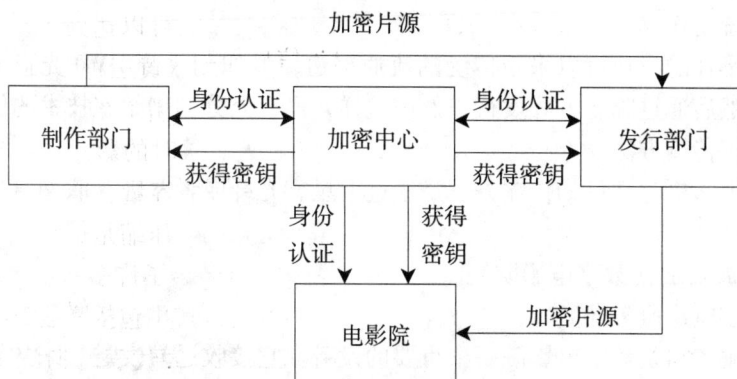

图 1 - 2　加密系统示意图

（3）数字电影放映技术。

数字电影因为实现了数字化，所以传统的放映机将不能再使用。此时，就需要专门的数字电影放映机。

目前已经出现的数字放映机技术主要有两种，一种是美国德州仪器公司（TI）开发的数字光学处理器（DLP-Cinema）技术，另一种是日本 JVC 等公司开发的 D－ILA 直接驱动式图像光线放大器技术。在 1999 年美国举行的一次技术测试中，TI 的 DLP 技术明显占了上风。1999 年，世界上第一部数字电影——《星球大战 I》就是采用 DLP 数字影院技术放映的。

4. 数字电影的工作流程

数字电影与传统电影相比，最大的区别是不再以胶片为载体，以拷贝为发行方式，而代之以数字文件形式发行或通过网络、卫星直接传送到影院、家庭等终端用户。因此，数字电影的工作流程要从制作端、发行端和放映端三个方面入手。

（1）制作端。

①数字电影摄制。

电影的摄制需要高清晰度的数字摄影机，但目前的摄影机所能达到的分辨率还很有限，只能达到 2K。采用数字摄影机拍摄的电影直接就是数字格式的，它可以很容易地利用非线性编辑系统进行特技制作等后期合成。

037

②计算机制作的动画。

利用电脑制作的动画本身就是数字格式的，譬如《最终幻想》、《玩具总动员》等。这些动画片可以直接按照传输和播放要求进行压缩编码及加密处理。

（2）发行端。

①传统发送方法。

数字影片的发行可以采用传统的流通渠道，譬如刻录到 DVD 光盘或者数字磁带中，然后通过邮寄方式发行，然而这样并没有充分利用数字技术的优势。

②数字传输方法。

数字电影更为常见的传输方法是通过卫星、光纤或者宽带互联网直接传输给电影院。

（3）放映端（数字电影院）。

①数字电影服务器。

电影服务器是数字电影院一个重要的设备。它接收远端发送过来的影片，下载到本地硬盘，然后根据需要提供给放映机播放。

数字电影院的服务器根据播放与存储方法的不同，可以分为广播式服务器与数据式服务器两种。它们之间的区别实际上就是"推"与"拉"的区别。数据式服务器只是进行异步数据的存储与传递，当放映机要播放时就从服务器请求内容，也就是所谓"拉"的过程；广播式服务器首先对存储的内容进行解密、解压缩，然后进行再加密，"推"送到放映机，放映机进行解密后播出。根据目前市场评价以及应用状况看，数据式服务器模式是数字电影服务器的主流。

数据式服务器一般采用效率较高的 SAN（Storage Area Network）存储技术，通过高速光纤技术或 SMPTE292M 串行数字接口实现与放映机的联结。当电影回放时，图像数据再从服务器端输出，以不压缩的方式传送到投影机，同时将非压缩的数字声音送到影院的音响系统。

②数字电影放映机。

当需要播放的时候，放映机从服务器读取数据，进行解密、解压缩，然后再与其他系统譬如室内控制系统配合，开始播放影片。

数字电影院的放映机具有传统的放映机不可比拟的优势。譬如，它可以显示播放日程表，提供多通道字幕、声音选择功能，显示日志记录，并对设备运行状况进行监控等。

③数字影院管理系统。

数字影院管理系统是数字电影放映流程的核心，其他所有的系统和设备都在其调度下进行工作。其基本职能包括对影院内服务器的数字节目进行加密和解密，对所有数字节目的放映进行传送，并对影院放映的每一部数字电影进行管理。

数字电影与数字电视一样，因为技术上的优势获得了资本和媒体的青睐；但也如同数字电视产业一样，有众多非技术的因素在制约着数字电影的发展。数字电影产业发展的首要障碍是数字电影放映设备的成本居高不下。

1.5.7 数字电视

电视是当今世界先于网络出现的最具影响力的视频信息传播工具，最初的电视技术一直在模拟技术领域中发展和前进，到了 20 世纪 70 年代，由于计算机技术和数字信号处理技术的飞速发展，用数字视频完全可以取代模拟视频，于是出现了由模拟电视向数字电视的过渡。当前数字电视和数字视频正在以模拟电视和模拟视频无法比拟的优越性快速发展，并逐渐与计算机技术、网络技术相融合，在许多新型领域和应用中崭露头角，如网络视频会议、网络视频点播、流媒体等。

1. 数字电视概述

数字电视将传统的模拟电视信号经过抽样、量化和编码转换成二进制数代表的数字式信号，然后进行各种功能的处理、传输、存储和记录。

数字电视是指电视节目从拍摄、编辑到播放、接收、再现的全过程都采用数字技术的电视。由模拟电视到数字电视的发展是一个渐变的过程，事实上现在普通电视节目的制作、编辑过程已经完全数字化了，传递过程也基本上数字化了，仅仅是发射和接收仍然是传统的方式。电视节目的全数字化传输、接收，即电视台的发射和电视机直接对数字视频信号的解码是我国数字电视今天所要解决的问题。就技术而言，关键是我国数字电视标准的制定和实施问题。

数字电视技术结合了计算机、图像处理、通信等技术，相对于模拟电视，它的图像更清晰，声音更逼真，支持的业务也更多。

高清晰度数字电视是大规模集成电路制造技术、彩色数字成像技术、数字视频和音频压缩技术、海量存储技术、数字多路复用技术、数字信号处理技术、信道纠错技术、计算机技术、适用于各种传输信道的调制解调技术等技术综合而成的，是人类对高清晰电视需求的必然产物。

数字电视的实现可以分为制作和播出端数字化、传输环节数字化、接收端数字化几个环节。数字化的演播室可以方便有效地实现节目的存储、编辑、播出和管理；数字化的传输，譬如卫星、数字微波、光纤等模拟设备，因为不用放大器，所以没有模拟传输的信噪比恶化的问题，传输环节的信息损耗量非常小；最重要的数字化接收端（数字电视机），可以完整接收制作端的演播室效果的节目。整体上讲，数字电视因为采用了数字编码、压缩技术，因此图像更清晰，可以传输更多频道的节目，并能提供互动电视、数据广播等多种业务。

数字电视就传输方式分类，可以分为数字有线电视（DVB – C）、数字开路电视（DVB – T）和数字卫星电视（DVB – S）。以上三种数字电视的信源编码方式均采用 MPEG – 2 的复用数据包，但因各自的传输方式和途径不同，因此其信道编码分别采用了不同的调制方式。

数字电视就系统标准分类，目前可以分为美国的标准 ATSC（Advandced Television System Committee，先进电视制式委员会）、欧洲的标准 DVD（Digital Video Broadcastion，数字视频广播）和日本的标准 ISDB（Integrated Services Digital Broadcastion，综合业务数字广播）。

数字电视按清晰度来分类，可分为低清晰度数字电视 LDTV、标准清晰度数字电视 SDTV 和高清晰度数字电视 HDTV。

2. 数字电视的发展历史

1973 年，数字技术开始应用于电视广播，实验证明数字电视可用于通信。

1979 年，世界上第一个"图文电视"系统在伦敦开通，它能将计算机中的信息通过普通电话线传递出去并显示在用户电视机屏幕上。

1985 年，英国电信公司推出综合数字通信网络，向用户提供语音、快速传送图像、传真、慢扫描电视终端等服务。

1988 年，日本开始试播高清晰电视节目。这一尝试是基于日本广播协会 NHK 在 1984 年提出的高清晰电视的研究方案。该方案在卫星广播中使用了多重亚抽样编码 MUSE 模拟调频技术，带宽为 8.1MHz，压缩比为 3∶1，仍然是一种模拟技术的方案。

在 20 世纪 80 年代早期，日本 NHK 公司将高清晰电视（HDTV）技术介绍到好莱坞，它能在更宽广的屏幕（16∶9）中传输更优质的图像和声音，这是电影业梦寐以求的。

1989 年，美国通用仪器公司首次演示了在 6MHz 带宽的电视频道中把模拟有线信号转换成数字信号传输的过程。采用 MPEG 压缩编码，有线系统可以在一个 6 兆带宽的模拟频道中传输 10 个频道的节目。1992 年，巴塞罗那奥运会的实况转播采用了 HD – MAC 制式高清晰度标准。这是一种欧洲推出的模拟数字混合的高清晰度电视系统，其带宽为 10.125MHz，压缩比为 4∶1。1996 年，美国联邦通信委员会（FCC）决定将 HDTV 作为纯数字信号存在，直至现存的模拟信号淘汰。1997 年起，FCC 开始为广播电视公司分配纯粹的数字频谱，没有模拟制式或混合，并规定到 2006 年 12 月止，电视台停止模拟信号播出。

美国进入高清晰度电视研究后，由美国联邦通信委员会对六种方案进行了测试，测试结果表明，在这六种方案中，四种全数字传输系统明显优于模拟传输系统。由此开启了高清晰全数字电视的时代，开启了数字压缩编码、数字传输的电视系统占据新一代电视的主导地位的全新数字电视时代。日本和欧洲也不得不放弃原有方案进而采用全数字方案。

1998 年 9 月 23 日，英国广播公司（BBC）采用 DVB‒T 标准，率先在世界上开播了商业化数字电视节目，第三代电视正式面世。

3. 数字电视发展的阶段性

目前已被采用的数字电视设备有数字特技、数字时基校正器、数字帧同步机、数字录像机、数字电视接收机等。数字化设备可大大扩展特技功能，加强艺术效果。从整个电视系统来说，发展数字电视可以分为两步走。

（1）局部设备数字化。

即摄像机输出的模拟信号，经模拟、数字转换（A/D）变成数字信号，在演播室的数字设备中进行处理（如数字特技处理等），处理完后，又转换成（D/A）模拟信号，再用电视发射机发射。接收机收到信号以后，检波成视频信号，再经 A/D 变换成数字信号，在接收机中进行数字处理（如数字降噪、数字轮廓校正、数字去重影、画中画等），再由 D/A 变换在显像管显示出高度清晰、噪声很小的鲜艳图像。目前国内大部分电视台已基本实现了演播室数字化。

（2）全系统数字化。

全系统数字化即把要发送图像直接变换成数字信号，经编码压缩再变换成适合于传输的码型，在数字微波、数字光纤信道上传输，在接收端再将所收到的数据恢复成电视图像。在通道的所有环节上电视信号都是以数字形式传送的。

4. DVB 数字电视标准

数字电视的标准很多，DVB 是欧洲标准，ASTC 是北美标准，日本也有自己独立的标准 ISDB。中国基本上采用欧洲 DVB 标准。

DVB 组织成立于 1993 年，其目标是建立基于电视业务 MPEG‒2 应用的统一框架，通过此框架，电视工业的数字设计供应商可以实现标准化和兼容性。DVB 组织由 25 个国家的 200 多个成员组成，提供以市场为引导的系统框架，满足电子消费以及广播工业的实际需要。该组织提供的一系列标准得到了广播界的广泛接受。

DVB 数字广播传输系统利用了包括卫星、有线、地面、卫星共用天线电视以及多频道、多点分配系统在内的所有通用电视广播传输媒体。此外，DVB 国际组织还规定了数字广播业务信息系统标准、数字图文广播系统标准、数字广播字幕系统标准、交互系统标准和条件接收系统及接口标准等。

5. 数字电视广告

数字电视的出现，产生了一种全新的数字电视广告传播新方式，引起广告传播模式的变革，导致新的广告传播方式的生成。

（1）数字电视广告。

数字电视广告就是数字化了的电视广告。数字电视广告在实践应用中有各种各样的表现形式，总结起来可以分为两种：一种是与传统电视广告一样的表现形式，却是数字格式的广告；另一种是数字化了的、具备不同程度的交互性的互动电视广告。

互动电视广告是一种新型的广告媒体，它融合了传统电视广告具有的良好冲击力的特性及互联网广告的互动性的特性。广播电视运营商要经营互动电视广告，首先需要建立相应的数字电视平台，也就是说，运营商要具备提供数字电视或者互动电视业务的条件。简单来说，互动电视广告可以说就是数字化了的具备让观众选择的互动性电视广告。

（2）互动电视广告的特点。

相比传统的电视广告，互动电视广告的特点是非常鲜明的。

①它是数字格式的。在数字电视平台上传播的互动电视广告必须是数字格式的。

②它具备互动性。传统的电视节目包括广告，观众只能被动地接受，基本上是一个线性传播的过程。互动电视节目包括广告，观众可以与节目产生交互，譬如，可以选择点击广告中的某个链接，进入一个更进一步说明广告内容的页面。

③互动电视广告可以整合运用各种媒体形式，实现真正的多媒体或者叫整合媒体传播。譬如，互动电视广告中可以有传统电视的图像、声音，此外还添加网络广告所采用的超级链接、标题广告甚至 Flash 等多媒体格式的内容。

④与网络广告一样，互动电视广告可以定向发布广告。也就是说，它可以根据观众的人口统计特性、心理特性，甚至是生活、消费形态来有目标地选择发布广告，从而最大限度地保证广告发布的效果。

（3）数字电视广告形式。

①电视门户广告。

电视门户广告是指观众打开机顶盒后电视机所出现的第一个页面。电视门户页面一般主要包含电视节目指南以及方便观众选择服务的导航内容等。与我们所熟悉的互联网的门户一样，电视门户也是一个重要的广告阵地。

②增强电视广告。

增强电视广告是指在传统的广播电视基础上进行了技术改进和功能增强的电视形式。一般它具备通过让用户"按"图像中的链接而产生交互的功能，所以一般被归类到互动电视中。

③分类广告频道。

分类广告是我们在传统媒体尤其是报纸中常见的一种广告形式，它是媒体传统广告收入之外的一项重要收入来源。在传统的电视台做分类广告几乎没有可能，因为它不能让观众选择性地看，也不能让观众对感兴趣的信息有进一步的了解，而这些问题在互动电视平台上都解决了。互动电视平台上的分类广告可以让观众选择自己感兴趣的信息，可以按照类别搜索所需要的信息，可以对自己感兴趣的信息进行归类等。

④专门的广告主位置。

专门的广告主位置广告与网络广告的微型站点有些类似。网络广告的微型站点通常包括几个页面的广告主的产品等信息的介绍，与它们的固定网站不同，这些微型站点通常具有某种特定目的，譬如促销或者号召消费者参与活动等，而且一般寄存在商业网站中。同样，专门的广告主位置广告具有同样的作用，只不过用户是基于电视机观看。它使视频元素更加丰富和流畅。

⑤具备互动元素的电视广告。

这种广告与传统的电视广告表面上并没有什么不同，一样的图像、一样的冲击力，不同的地方就是它多了一个可以让观众选择的"链接"按钮，观众用遥控器按了这个按钮后，就会进入另一个页面，一般是这个品牌的专有页面，里面有企业、品牌、产品等的信息。观众按了互动按钮后可以直接订购广告中的商品，即选择进入后，就有一个类似虚拟商场的货架让观众选择订购商品，在输入付款方式后可直接完成订购。这是传统电视广告不可想象的，也是我们过去对电视广告所一直期待实现的功能。

⑥整合增强电视广告。

整合增强电视广告是指整合了电视图像、图片，具备超链接的文字按钮等形式的广告。与前面所介绍的其他增强电视广告不同的地方是，它的内容都是有机地整合在一起的，是一个整体。这样的形式也许会更容易让观众接受一些。

【思考题】

1. 媒体主要有哪几类？其主要特点是什么？
2. 什么是数字媒体？数字媒体的定义说明了什么问题？
3. 如何理解数字媒体对传统媒体的影响？
4. 试从一两个数字媒体的应用实例出发，谈谈数字媒体应用对人类社会的影响？
5. 描述一下你在生活中使用数字媒体产品的经验，你觉得哪项应用最有趣？
6. 数字媒体技术有哪些社会需求？
7. 试从电子出版物的分类出发，分析其与传统出版物的异同。

**Digital
Media
Communication**

第 2 章

数字媒体传播

本章主要从传播类型和传播要素两个方面阐述数字媒体
的传播模式，讲述数字媒体传播的特点，介绍数字媒体
传播的应用领域以及数字媒体产业化等方面的内容。

【本章学习要点】

古往今来，人类创造了一系列承载、传播信息的方法。从最早的结绳记事到甲骨文字，从纸张书写到活字印刷，从激光照排到新型电子出版，每一种信息的处理方法都极大地推动了社会文明的进步。自 20 世纪 40 年代发明计算机以来，信息处理科学获得了迅速的发展，文字进入计算机是文明史上的又一个里程碑，而光盘和网络的发展使信息的传播发生了划时代的变革。

数字媒体改变了以往大众媒体单向传播的传播环境，全程利用数字媒体技术获取、存储、处理和传输信息，传播者和受传者对信息的编码解码都是以数字化的方式进行的，真正实现了传播者与受传者之间的双向互动传播。受传者不再是被动地接受信息，而拥有更多的自主权，也可以成为信息的发布者，打破了以往信息发布受到严格控制的局面。

本章主要从传播类型和传播要素两个方面阐述数字媒体的传播模式，讲述数字媒体传播的特点，介绍数字媒体传播的应用领域以及数字媒体产业化等方面的内容。

【本章内容结构】

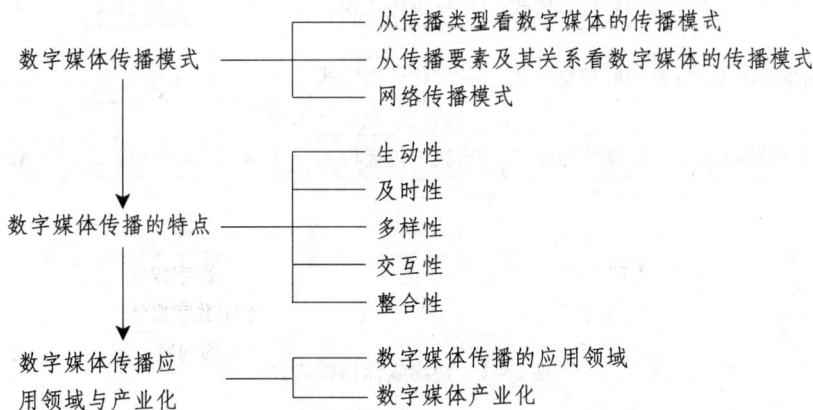

```
                        ┌─── 从传播类型看数字媒体的传播模式
数字媒体传播模式 ────────┼─── 从传播要素及其关系看数字媒体的传播模式
        │                └─── 网络传播模式
        │
        ▼                ┌─── 生动性
                         ├─── 及时性
数字媒体传播的特点 ──────┼─── 多样性
        │                ├─── 交互性
        │                └─── 整合性
        ▼
数字媒体传播应           ┌─── 数字媒体传播的应用领域
用领域与产业化 ──────────┴─── 数字媒体产业化
```

2.1　数字媒体传播模式

　　数字媒体系统遵循着信息论的通讯模式。它主要是由计算机和网络构成的，由于它具有数字化和双向传播的特征，较之传统的大众传播具有独特的优势。传统媒体的传播模式比较单一，大多是一对多的广播模式，数字媒体以计算机及其网络为核心，延伸到多点互动的多播、点播、组播等多种模式。图 2 - 1 所示为从传播的类型和要素具体分析数字媒体的传播模式。

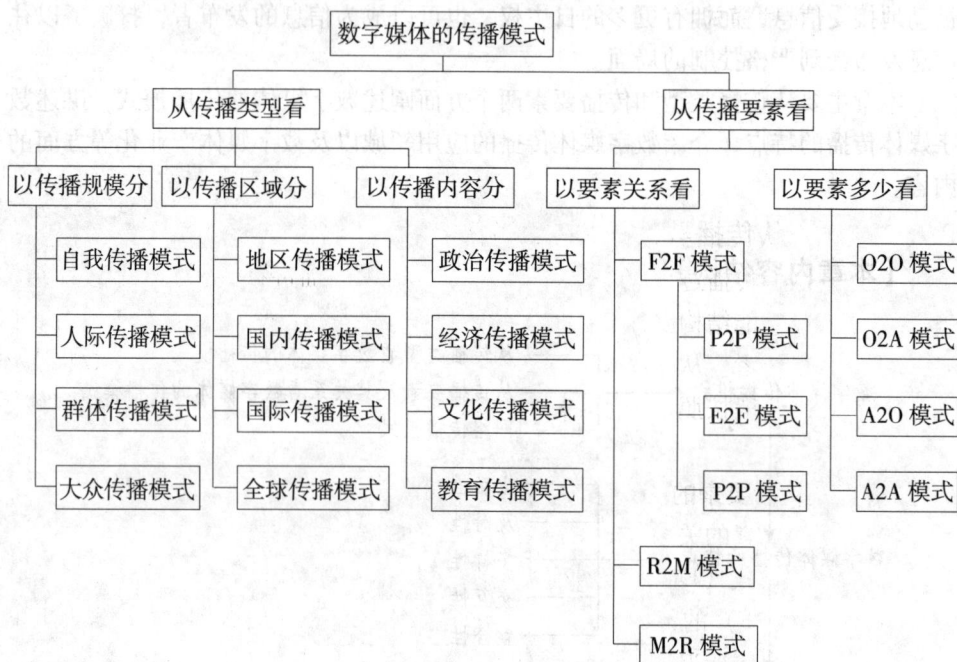

图 2 - 1　数字媒体传播模式

2.1.1　从传播类型看数字媒体的传播模式

　　数字媒体在不同区域的应用，相应地形成各自的传播模式，如数字媒体在教育领域的应用有基于课堂讲授型的多媒体教学模式、个别辅导学习模式、讨论学习模式、探索学习模式等教育传播模式。根据传播范围和规模的大小，数字媒体传播模式呈现多样化的态势，具体分类如下：

1. 自我传播模式

指人的内向交流，是每一个人本身的自我信息沟通，如浏览 WWW、使用搜索引擎等。

2. 人际传播模式

狭义上指个人与个人之间面对面的信息交流，如 QQ、聊天室等实时聊天、E-mail、IP 电话等。

3. 群体传播模式

人们在群体范围内进行的信息交流活动，如 BBS、论坛等非实时讨论、虚拟社区的实时讨论、FTP、计算机会议等

4. 大众传播模式

指传播组织通过现代化的传播媒介，对极广泛的受众所进行的信息传播活动，如综合性网站、视频点播、数字书报刊、数字广播、数字电视、数字电影等。

2.1.2 从传播要素及其关系看数字媒体的传播模式

要正确认识传播过程的构成要素，必须从两个方面进行考察：一是实体结构的要素；二是功能结构的要素。从实体结构看，传播过程的要素包括传播者、信息、媒体和受传者。从功能结构看，传播过程的要素包括传递、反馈、效果、环境、噪声等。一般按照传播要素的关系和传播要素的多少来区分数字媒体的传播模式。

1. 按照传播要素的关系

按照传播要素的关系，数字媒体的传播模式有以下几种：

（1）F2F 模式（Face-to-Face，面对面型）。

面对面（F2F）的传播是人类最早的传播模式，在任何时候运用都是最广泛的，也是任何媒体所追求的。数字媒体传播中 F2F 模式又可分为以下几种：

①F2FⅠ（P2P 模式，Point-to-Point，点对点型）：指传播者和受传者面对面。如双向视频会议系统等。

②F2FⅡ（E2E 模式，End-to-End，端到端型）：指受传者和受传者面对面。如视频直播室的聊天室、讨论区等。

③F2FⅢ（P2P 模式，Peer-to-Peer，伙伴对伙伴型）：指传播者和传播者面对面。如在网页上互相链接网站就是一种明显的不同传播者借助各自优势互通信息、扩大传播影响的行为。

（2）R2M 模式（Receiver-to-Media，受传者对媒体型）。

指受传者主动通过媒体获取信息,是一种"拉"(pull)的模式。如用户利用 RSS 阅读器订阅自己感兴趣的新闻。

(3) M2R 模式(Media-to-Receiver,媒体对受传者型)。

指媒体通过一定技术自动向受传者"推送"(push)信息的模式。如用户登录 QQ 时自动弹出的新闻列表。

2. 按照传播要素的多少

按照传播要素的多少,数字媒体的传播模式有以下几种:

(1) O2O 模式(One-to-One,一对一型)。

指传播者和受传者一对一,如 E-mail、网络聊天。

(2) O2A 模式(One-to-All,一对多型)。

指一个传播者对多个受传者,如 FTP 服务、博客。

(3) A2O 模式(All-to-One,多对一型)。

指多个传播者对一个受传者,如维基百科。

(4) A2A 模式(All-to-All,多对多型)。

指多个传播者对多个受传者,如 BBS。

2.1.3 网络传播模式

因特网的出现是人类通信技术的一次革命,其发展早已超越了最初的军事和技术目的。因特网可以把全球各地的计算机连接起来,具备传播信息的各种强大功能,并且在实际生活中扮演了媒体的角色。另外,国内外各种机构都已纷纷开辟网上传播的新领域,网络报纸杂志、网络广播娱乐、网上教育、电子商务等应运而生,因特网逐渐达到了作为大众传播媒体的标准,网络媒体已成为信息传播的主要渠道之一。

从通信技术系统上看,因特网主要由计算机和网络构成,网络系统显然完全遵循信息论的通信模式,如图 2-2 所示。

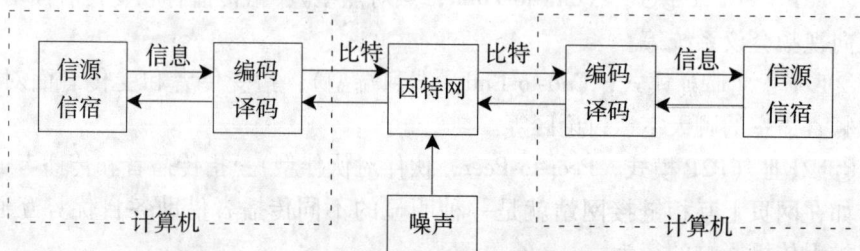

图 2-2　因特网传播模式

1. 信号、比特与信息

在网络传播模式中，信号就是比特流。无论何种媒体信息（如文本、图像或声音等）通过编码后都必须换成比特，当然，不同的信息媒体要求采用不同的编码方式，形成不同的比特流。在这个传播模式中，比特流映射的信息内容可以是媒体本身，如一篇文章、一幅图像、一段视频或文字图像视频的混合；此外，比特流也可以是"信息标题"或"信息指针"，如一篇文章的标题、一幅图像的微缩图标等。这些"标题"或"指针"指向某个特定的媒体信息，同时说明所指向信息的内容和特征。这种特殊的比特流称为超媒体，其主要功能表现为一种链接和指向关系。超媒体的存在和应用是网络传播的重要特征之一，它将信息接收者从被动接受信息的状态改为主动获取信息。

2. 编码与译码

实际的音频和视频信息都是连续变化的模拟信息。编码的过程实际是根据一定的协议或格式把这种模拟信息转换成比特流的过程。译码是编码的逆过程，它是根据相同的协议把比特流转换成媒体信息，同时去掉比特流在传播过程中混入的噪声的过程。因此，比特流实际上包括信息码和控制码两部分。信息码是信息的主体，控制码是用编码控制信息进而控制比特流的传播。从传播学的角度分析，编码是指把信息转换成可供传播的符号或代码，译码是指从传播符号中提取信息。在网络传播中，控制码是为了使信源、信宿双方可以协同地完成编码和译码的过程。

3. 网络与信道

网络传播的理想信道是具有足够带宽的、可以传输比特流的高速网络信道。图 2 - 2 是网络传播模式描述的两点（两台计算机）之间的传播过程，实际上网络传播可以是多点之间的传播，如图 2 - 3 所示。

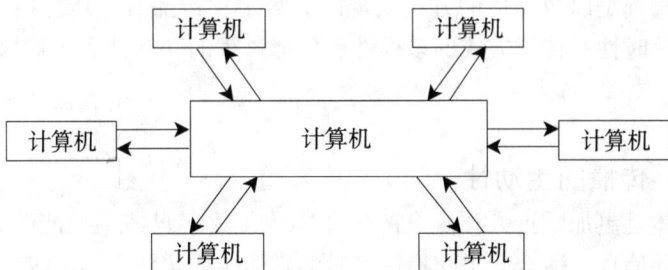

图 2 - 3　因特网上的多点传播模式

049

在这种网络传播模式中，计算机可以看做是散落在世界各地、各个城市、各个角落的建筑或房屋，而网络是连接各地的或宽或窄、或高速或低速的各种公路。从某台计算机（信源）发出的比特流可以同时被网络上其他多台计算机（信宿）所接收。从这一点上看，这个过程与广播电视的点对面的传播相似：电视台（信源）发出电视节目，散落在各地的电视机（信宿）可以同时收看该节目。所不同的是，网络传播中每一台计算机都同时兼有信源和信宿的双重功能。

带宽是指在固定的时间内可传输的资料数量，即在传输管道中可以传递数据的能力；信源是需要传输的信息，主要为音视频以及数据；信道是信息传输的通道。网络可以由电话线、光缆或卫星通信构成，显然，带宽越宽，可同时传输的信息越多。在带宽还不够理想的情况下，压缩编码就显得非常重要。以网络作为信道，可以实现信源、信宿之间的实时传播。

4. 信源与信宿

在网络传播模式中，信源和信宿都是计算机，信源和信宿的位置是可以随时互换的，这使网络媒体传播较之传统的大众传播方式有了深刻的变化。与广播电视的多点传播方式不同的是，在网络媒体传播中，每一台计算机将同时成为一个小电台，使每一个信息接收者同时也可以是信息发布者。虽然规模不同，信息的质和量不同，但基本的功能是可以比拟的。在网络媒体传播中，正向传播通道与反馈通道之间的不平衡性可以大大减弱，这将使信息的传播方式、传播手段和传播效果发生根本性的变革。

2.2　数字媒体传播的特点

过去我们熟悉的媒体几乎都是以模拟的方式进行存储和传播的，而数字媒体传播是利用数字媒体技术获取、存储、处理和传输信息，传播者和受传者进行信息的编码解码都是以数字化的方式实现的。数字化传播具有传播内容的生动性、传播时间的及时性、传播方式的多样性、传播过程的交互性和传播媒体的整合性等特点。

2.2.1　传播的生动性

数字媒体是更加贴近人类观念的传播媒体，数字媒体系统能够处理文、图、声、像等多种信息，适合人类交换信息时的媒体多样化特点。多媒体的实质不仅在于多种媒体的表现，而且在于媒体（比特流）的可重复使用和相互转换，具有数字媒体传播图、文、声、像并茂的立体表现的生动性特点。

2.2.2 传播的及时性

数字媒体传播快捷，大大减少了传播流程，节约了成本。在纸质媒体时代，信息的传播由于受报纸等传播工具的限制，传播速度慢，传播流程复杂。一条信息从产生到传播于广大受众，至少需要经历五个环节，即信息采集—编辑信息—审查信息—印刷（或播报）信息—接收信息。随着社会的发展特别是全球经济一体化趋势的加强，这种烦琐的处理信息的方式越来越难以满足人们的需要。在这样一种背景下，各国都开始研究新的信息传播工具，探索新的信息传播方式，著名的美国信息高速公路就是一个典型的代表。从目前的情况来看，电脑和手机是最主要的两种数字媒体传播工具，特别是随着 WAP 技术的逐渐成熟和交费的降低，越来越多的人开始使用手机上网查询信息、阅读、聊天等，手机不再仅仅是一种通信工具，而已成为一种功能强大的多媒体工具。互联网的出现使信息的及时传播成为可能，不仅大大加快了信息传播的速度，而且减少了信息传播的流程。在数字媒体时代借助于电脑、手机等多媒体工具，信息的传播实现了及时性，新闻的采集、写稿、发表等传统过程融入了信息数字化技术，省略了印刷和发行的全部流程，既节省了成本，又打破了报纸对新闻传播的时空限制，建立全新的滚动采编制度，将最新信息通过网络、手机报等数字媒体及时地传递给广大受众。

2.2.3 传播的多样性

新的数字工具的使用扩展了信息传播的渠道。互联网络"蛛网覆盖，触角延伸"的传播方式，使电脑成为数字时代最重要的传播工具，越来越多的人通过网络来了解信息。

数字媒体传播的多样性体现在两个方面：一是数字媒体改变了以往单类媒体只提供单一信息的特点，能够提供多媒体信息及产品；二是数字媒体的受众不仅仅是"大众"，而且是"分众"、"小众"，更具有多样化的需求，数字媒体能够适应这种需求，使受众能够在任何地点、任何时间以多种数字化终端获取信息。例如，手机、报纸和通讯的结合诞生了手机报，从而使手机成为数字时代信息传播的又一个重要渠道。手机报实现了报纸内容的及时传播，打开手机就能看到定制的信息，不再受时空条件的限制。手机报以各大报刊为主要信息来源，但不再是纸质报纸的简单翻版，信息经过整合编辑成为适合手机上观看的新闻，包括汉字、图像、视频、音频等。

电子纸是作为普通纸张的替代品而被开发出来的，是一种超薄、超轻的显示屏，其表面和普通纸张十分相似，有的电子纸甚至可以像纸张一样任意地折叠弯曲，更具有许多普通纸张所无法替代的功能，如全角度阅读、任意调节字体大小、随时下载更新内容等。

2.2.4　传播的交互性

传统的大众传播中，智慧存在于信息发出的一端，大量的信息推（pushing）向受众，大众只能被动地接受。在数字媒体传播中，数字媒体改变了传统的信息传播模式，传播者和受众之间能进行实时的通信和交换，信息按比特存放在公开的仓库（计算机硬盘或光盘）内，由受众拉出（pulling）其需要的信息。数字媒体改变了以往大众媒体单向传播的特点，受众变被动接受为主动参与，真正实现了双向互动的传播。受众不再是被动接受信息，而具有更多的自主权，以往信息发布受严格控制的局面亦被打破，受众也可成为信息发布者。受传者既是信息的接收者，也是信息的传送者。所有的数字媒体都包含互动的功能，智慧可以存在于信源和信宿两端。

数字媒体传播的实时互动性首先使反馈变得轻而易举，同时也使信源和信宿的角色可以随时改变。数字化传播中点对点和点对面传播模式的共存，一方面可以使大众传播的覆盖面越来越大，另一方面也可以越来越小，直至个人化传播。

在数字媒体时代大众已经成为信息、咨询和思想观点理论的生产者，他们不仅仅有原创性，也有自主权，使受众从被动接受的状态下解放出来，形成一种双向互动的传播模式。作为数字时代的一个重要平台，网络将开放和共享的精神发挥得淋漓尽致，任何人都可以参与到网络的活动中来。互联网上有着大量的BBS、论坛、公共社区等，网民在其间写文章、阐释观点的过程就是制造信息的过程。数字媒体借助 E-mail、BBS、ICQ、博客等及时交流工具，轻松实现读者之间、作者之间的交流互动，甚至还可以通过视频的方式进行面对面的交流，这种双向传播的模式调动了广大读者的参与性，增强了他们阅读的兴趣。

2.2.5　传播的整合性

数字化技术的广泛使用使得以往各自为政的单类媒体走向整合，数字媒体不是简单地把各种媒体混合叠加起来，而是把它们有机地结合、加工、处理并根据传播要求相互转换，从而达到"整体大于各孤立部分之和"的效果。数字化沟通了以往泾渭分明的电脑业、广播与电影业和印刷与出版业，信息（计算机）业、电信业和大众传媒业也出现了相互交叉及"三网融合"的趋势，而且出现了跨领域企业间的并购与整合，传媒机构在采集、存储、处理、发送信息的各个环节上都发生了变化。

2.3 数字媒体传播应用领域与产业化

数字媒体技术是当今信息技术领域中发展最快、最活跃的技术，是新一代电子技术发展和竞争的焦点。数字媒体技术融计算机、声音、文本、图像、动画、视频和通信等多种功能于一体，借助日益普及的高速信息网，可实现计算机的全球联网和信息资源共享，因此被广泛应用在咨询服务、图书、教育、通信、军事、金融、医疗等行业，并正潜移默化地改变着我们生活的面貌。

2.3.1 数字媒体传播的应用领域

数字媒体的应用领域十分广泛，越来越多的社会需求成为促使数字媒体产生和发展的重要因素。

1. 教育领域

数字媒体在教育领域中主要用于形象教学、模拟展示等方面，如电子教案、情境教学、模拟交互过程、网络多媒体教学、仿真工艺过程等。数字媒体的发展和进步有助于学校教育将以教师为中心、以教材为中心、以课堂为中心的教学转变为以教师为主导、以学生为主体的教学模式。在教学过程中，利用数字媒体能使学生成为主动参与、积极探索、勇于创新的学习者；能让学生接触广阔的外部世界，获得大量的、宽广的知识；能使学生获得获取、分析、处理、交流、应用信息资源的技能；能培养学生终生学习的观念和能力。

（1）数字媒体交互性对教育的作用。

交互性是数字媒体的显著特点，可利用数字媒体产生出一种图文并茂、丰富多彩的、对教学过程具有重要意义的交互方式。在传统的教学过程中教师是主宰：从教学内容的选择、教学策略的规划、教学方法的拟订、教学步骤的安排，甚至学生做的练习都是教师事先安排好的，学生只能被动地参与学习过程。而在数字媒体的交互环境中，学生可以按照自己的学习基础、学习兴趣来选择学习的内容、步骤和适合自己认知水平的练习；有数字媒体教学软件甚至可以对教学模式进行选择，比如说，采用个别化教学模式或协商讨论的教学模式。显而易见，在这种交互式的教学环境中，学生不再是被动地接受，而是有了主动参与教学决策的机会，为学生主动性、积极性的发挥创造了良好的条件，因而能有效地激发学生的学习兴趣，形成学习动机，使学生真正发挥认知主体的作用。

（2）数字媒体多样性对教育的作用。

数字媒体提供的外部刺激不是单一的刺激，而是多种感官的综合刺激，这对于知识的获取和保持都是非常重要的。实验心理学家特瑞赤拉著名的心理实验告诉我们，人类获取信息的主要渠道是视觉，约占 83%，来自听觉的信息约占 11%，来自嗅觉和触觉的只占 5%。数字媒体技术传达信息能做到可听与可视并举，此外还能动手操作，这种通过多种感官刺激获取的信息量要比单一信息通道的学习有效得多。另外，关于知识记忆的持久性，心理实验还告诉我们，人们一般能记住自己阅读内容的 10%，自己所听内容的 20%，自己看到内容的 30%，自己同时听到和看到内容的 50%，在交流过程中自己说到内容的 70%。这些统计数字表明，在认知过程中如果既能听到又能看到，再通过讨论、交流并以自己的语言表达出来，知识保持的效果将大大提高。因此，数字媒体的多样性应用于教学过程不仅非常有利于知识的获取，而且非常有利于知识的保持。

2. 商业广告领域

数字媒体在商业广告领域中主要用于特技合成、大型演示等方面，如影视商业广告、公共招贴广告、大型显示屏广告、平面印刷广告等。

3. 影视娱乐业

数字媒体在影视娱乐业中主要用于电影特技、变形效果等方面，如电视/电影/卡通混编特技、演艺界 MTV 特技制作、三维成像模拟特技、仿真游戏等。

4. 医疗

数字媒体在医疗领域中主要用于远程诊断、远程手术等方面，如网络远程诊断、网络远程操作（手术）等。

5. 旅游

数字媒体在旅游领域中主要用于景点介绍等方面，如风光重现、风土人情介绍、服务项目等。

6. 人工智能模拟

数字媒体在人工智能模拟领域中主要用于生物、人类智能模拟等方面，如生物形态模拟、生物智能模拟、人类行为智能模拟等。

2.3.2 数字媒体产业化

产业化是我国传媒改革中不可回避的话题，产业化的目的是做大做强整个传媒业。在产业化变革之路上，数字媒体产业化起到了助推剂的作用。数字媒体产业化发展的原则是以社会效益为主，经济效益为辅，以良好的社会效益带动更大的经济效益，反过来，又以更大的经济效益促进社会效益的进一步提高。但是，目前在数字媒体产业化发展过程中还存在着一些现实问题，这势必影响到数字媒体产业化的整体效果。

1. 数字媒体产业发展存在的问题

数字媒体产业发展存在的问题来源于外部和内部两方面。其中外部面临的挑战主要来自全球经济一体化、三网融合、用户需求等问题；内部存在的问题主要是管理体制、资源分散、服务意识薄弱等。现将数字媒体产业发展面临的问题归纳如下：

（1）一城多网。

目前，许多城市存在省、市、区（县级市）3 级网络并存的状况。"一城多网"的存在，造成了各级有线电视经营管理机构之间的不正常竞争，严重制约了广播电视事业和产业的健康发展，主要表现在：

①网络建设和播出平台的重复建设；

②网络相互重叠，运维成本高；

③各级网络运营商为了争夺用户，不得不将物价局严格听证制定的材料费或月收视费采用减免或分成的形式向房地产商、物业管理公司、村集体组织等代理人出让利益，造成收益流失。

总之，各网络运营商的恶性竞争不仅导致各自利益的严重流失，阻碍了自身的发展，同时也损害了广大用户和整个行业的利益。

（2）技术融合。

面对数字媒体技术不断推陈出新的现状，如何选择新技术是十分重要的。最主要的问题是标准落后于应用。譬如，地面数字电视标准的出台滞后于实际应用，如果把试运行的 DVB－T 标准改成国家标准就要投入巨额的资金，而目前的 DVB－C 标准体系很复杂，交互功能缺失，致命的是 CA 对终端开放性的限制，使机顶盒失去了作为家庭电子消费产品的流通性和开放性，制约了广电运营商的发展。

（3）融资。

数字媒体产业是新技术带来的产物，也是推动广电产业发展的动力，具有高技术风险和高投入的特点。所以互联网、户外视频等新媒体的资金往往来源于风险投资机构。未来的 5～10 年，数字媒体产业发展的静态投入将高达数十亿元（不包括 CMMB 手机终端），资金问题亟待解决。

（4）内容不够丰富。

严重的内容同质化问题，让数字化后频道容量增大的优势没有凸现，更没能给群众带来太多直接的感受，这是困扰数字媒体产业发展的主要问题之一。

（5）市场拓展与用户服务。

传统的广播电视机构是以"喉舌"功能设置的，仅能满足简单的广播电视服务需求，对于需要在市场机制中发展新媒体产业的认识不足，服务意识也不足。这严重影响了数字媒体产业的发展。主要表现在：

①新业务拓展意识明显不足。据调查，数字化后广电机构对于新功能的认知使用率仅为10%左右。

②服务意识明显不足。据调查，约30%的市民反映收看过程中有影响正常收看的情况发生，如信号不稳，声音和画面不同步等；机顶盒功能太复杂，没能掌握正确的使用方法。客服中心电话报装不畅、电话接通率长期只有60%。

③与电信公司相比，广电整体的市场意识明显落后。目前，广电对数字电视的"产品"意识淡薄，没有类似电信的各种促销套餐，仅仅简单规定机顶盒的主免副购，没有根据市场状况推出多种用户可选择的服务包。

（6）人才储备。

发展数字媒体产业，更需要具备各项专业技能、政治可靠的高素质人才。目前，数字媒体产业缺乏懂数字媒体产业及相关运营的技术人员，缺乏数字媒体环境下的采编人才，缺乏复合型的职业经理人、市场策划和推广人才。

2. 解决问题的途径

（1）义务性服务。按照国家、省、市行政主管单位的布置开展工作。用地面数字电视国家标准无线设备转播高清电视和中央节目，有线电视数字化后可仍保留传输几套模拟电视节目。

（2）公益性的有偿服务。在政府的扶持下，严格按照物价局规定的标准向用户提供有偿服务。如在有线电视网络中提供电视节目和广播节目等。

（3）大力开展个性化的市场服务，推动广电产业发展。如：

①挖掘有线电视网络的潜力。开展数字付费电视节目、互动电视以及数字家庭业务等，在确保广播电视安全传输的前提下，建立和完善适应"三网融合"发展要求的运营服务机制，形成较为完善的数字媒体产业链。

②开展 CMMB 移动多媒体服务。

③提供地面数字电视服务。

④结合信息化发展，整合信息资源，开展本地化信息服务，服务于千家万户。

【思考题】

1. 从数字媒体传播模式的角度分析数字媒体传播在国家发展中的功能和作用。

2. 概括数字媒体传播的基本内容和基本特点。

3. 从视觉传达、产品、环境和综合等角度，在现实生活中找四个对应的设计案例，分析其特点。

4. 结合数字媒体的应用领域论述数字媒体产业化之路的意义。

5. 试讨论数字媒体传播在今后社会中会有什么新的应用。

**Digital
Media
Creativity**

第 3 章

———————

数字媒体创意

———————

本章论述了数字媒体创作过程中所涉及的市场分析、受
众分析、创作选题和创作策划以及数字媒体项目开发与
管理等方面的内容。

【本章学习要点】

创意是传统的叛逆，是打破常规的哲学，是一种智能拓展，是一种文化底蕴，是一种闪光的震撼，是智能产业神奇组合的经济魔方，是深度情感与理性的思考与实践。数字媒体技术是一门将科学技术与艺术创意高度结合的学科，除了要求从业者有熟练的操作技巧之外，更要求从业者具有良好的艺术素养和独特的个人创意。

本章论述了数字媒体创作过程中所涉及的市场分析、受众分析、创作选题和创作策划以及数字媒体项目开发与管理等方面的内容。通过本章的学习，学习者可以提高数字媒体创意的能力，掌握数字媒体项目开发过程以及项目测试、项目维护的方法。

【本章内容结构】

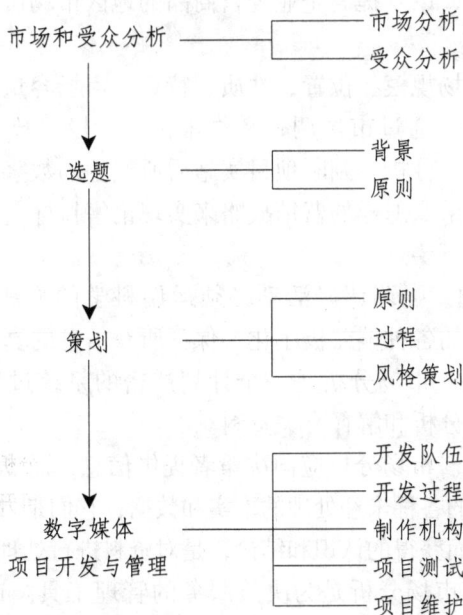

```
市场和受众分析 ─────┬── 市场分析
                    └── 受众分析
                          │
                          ↓
选题 ─────┬── 背景
          └── 原则
                │
                ↓
策划 ─────┬── 原则
          ├── 过程
          └── 风格策划
                │
                ↓
数字媒体     ┌── 开发队伍
项目开发与管理 ├── 开发过程
             ├── 制作机构
             ├── 项目测试
             └── 项目维护
```

3.1 市场和受众分析

近年来，计算机网络技术、数字技术和通信技术的日益成熟，极大地推动了数字媒体行业的发展。数字媒体行业是以影视、动画、图形、声音等技术为核心、以数字化媒介为载体的行业，该行业涵盖信息、传播、广告、通信、电子娱乐、网络教育、出版等多个领域。在这些领域中应用数字媒体时，首先必须考虑在传播过程中如何对市场和受众进行分析、如何确定选题、如何策划以及如何开发和管理数字媒体项目。

3.1.1 市场分析

市场分析的主要目的是研究商品的潜在销售量，开拓潜在市场，安排好商品地区之间的合理分配，以及提高企业经营商品的地区市场占有率。

1. 市场分析概述

市场分析是对市场规模、位置、性质、特点、市场容量、吸引范围等调查资料所进行的经济分析，通过市场调查和供求预测，根据数字媒体项目的市场环境、竞争力和竞争者，分析、判断项目实施后所产生的数字媒体产品在限定时间内是否有市场，以及采取怎样的营销战略来实现销售目标。要正确理解市场分析的含义，必须掌握以下要点：

（1）客观性问题。强调调研活动必须运用科学的方法、符合科学的要求，以求市场分析活动中的各种偏差极小化，保证所获信息的真实性。

（2）系统性问题。市场分析是一个计划严密的系统过程，应该按照预定的计划和要求去收集、分析和解释有关资料。

（3）资料和信息。市场分析应向决策者提供信息，而非资料。资料是通过营销调研活动所收集到的各种未经处理的事实和数据，它们是形成信息的原料。信息是通过对资料的分析而获得的认识和结论，是对资料进行处理和加工后的产物。

（4）决策导向。市场分析是为决策服务的管理工具。市场分析的主要任务是：分析预测社会对数字媒体项目的需求量、分析同类项目的市场供给量及竞争对手情况、初步确定制作规模、初步测算项目的经济效益。

2. 市场分析分类

通过市场分析，可以更好地认识市场中商品供应和需求的比例关系，采取正确的经营战略，满足市场需要，提高企业经营活动的经济效益。市场分析是数字媒体产业发展战略的组成部分之一，按其内容分为以下三类：

（1）市场需求预测分析。

市场需求预测分析主要包括估计现在市场需求量和预测未来市场容量及产品竞争能力。通常采用调查分析法、统计分析法和相关分析预测法等方法。

（2）市场需求层次和各类地区市场需求量分析。

根据各市场特点、人口分布、经济收入、消费习惯、行政区划、文化消费观念等，确定不同地区、不同消费者及用户的需要量。一般采用市场区划、市场占有率及调查分析等方法进行。

（3）估计项目生命周期及可销售时间。

预测市场需要的时间，使制作、调配等活动与市场需要量相配合。通过市场分析可确定项目的未来需求量、品种及持续时间。

3. 市场分析的方法

市场分析一般可按统计分析法进行趋势和相关分析。从估计市场销售潜力的角度讲，也可以根据已有的市场调查资料，采取直接资料法、必然结果法和复合因素法等进行市场分析。

对事物的认识是一个从抽象到具体的过程。对市场进行系统分析时，对它的分析研究也必须遵循这一认识规律。市场分析在对市场这一对象进行研究时，首先对市场问题进行概括性的阐述，继而以基础理论、微观市场、宏观市场对市场进行较为详尽的分析，最后对市场的各种类型进行具体的解剖，从而使人们对一个市场的状况和运行规律既有概括的了解，又有具体的认识。

（1）系统分析法。

市场是一个多要素、多层次组合的系统，既有营销要素的结合，又有营销过程的联系，还有营销环境的影响。运用系统分析的方法进行市场分析，可以使研究者从企业整体上考虑营销经营发展战略，用联系的、全面的和发展的观点来研究市场的各种现象，既看到供的方面，又看到求的方面，并预见到它们的发展趋势，从而做出正确的营销决策。

（2）比较分析法。

比较分析法是把两个或两类事物的市场资料相比较，从而确定它们之间相同点和不同点的逻辑方法。对一个事物是不能孤立地去认识的，只有把它与其他事物联系起来加以考察，通过比较分析，才能在众多的属性中找出本质的属性。

（3）结构分析法。

在市场分析中，通过市场调查资料，分析某现象的结构及其各组成部分的功能，进而认识这一现象本质的方法，称为结构分析法。

（4）演绎分析法。

演绎分析法就是把市场整体分解为各个部分、方面、因素，形成分类资料，并通过对这些分类资料的研究分别把握特征和本质，然后将这些通过分类研究得到的认识联结起来，形成对市场整体认识的逻辑方法。

（5）案例分析法。

所谓案例分析，就是以典型企业的营销成果作为例证，从中找出规律性的东西。市场分析的理论是从企业的营销实践中总结出来的一般规律，它来源于实践，又高于实践，用它指导企业的营销活动，能够取得更大的经济效益。

（6）定性与定量分析结合法。

任何市场营销活动，都是质与量的统一。进行市场分析，必须进行定性分析，以确定问题的性质；也必须进行定量分析，以确定市场活动中各方面的数量关系。只有使两者有机结合起来，才能做到不仅将问题的性质看得准，又能使市场经济活动数量化，从而更加具体和精确。

（7）宏观与微观分析结合法。

市场情况是国民经济的综合反映，要了解市场活动的全貌及其发展方向，不但要从企业的角度去考察，还需从宏观上了解整个国民经济的发展状况。这就要求必须把宏观分析和微观分析结合起来以保证市场分析的客观性。

（8）物与人的分析结合法。

市场分析的研究对象是以满足消费者需求为中心的企业市场营销活动及其规律。企业营销的对象是人。因此，要想把这些物送到所需要的人手中，就需要既分析物的运动规律，又分析人的不同需求，以便实现二者的有机结合，保证产品销售的畅通。

（9）直接资料法。

直接资料法是指直接将已有的本企业销售统计资料与同行业销售统计资料进行比较，或者直接把行业地区市场的销售统计资料同整个社会地区市场销售统计资料进行比较，通过分析市场占有率的变化，寻找目标市场。

（10）必然结果法。

必然结果法是指商品消费上的连带、主副等因果关系，由一种商品的销售量或保有量进而推算出另一种商品的需求量。

（11）复合因素法。

复合因素法是指选择一组有联系的市场影响因素进行综合分析，测定有关商品的潜在销售量。

3.1.2　受众分析

受众分析是为了了解目标受众的特点和需求，以便有效地确定数字媒体风格定位、互动功能、运行环境、界面属性等。只有进行了充分的受众分析，数字媒体才能投入到设计制作过程中，达到有效传递信息的目标。受众接受数字媒体信息的心理，实际上和人们从周围环境中获取信息的心理一样，可以用心理学特别是认知心理学的理论来进行解释。

数字媒体传播是一个新的领域，根据中国互联网中心近几年的统计报告，中国网民的主体还是知识型的青年群体，其中约 87% 是中专以上的知识阶层。对于当代大学生来说，数字媒体的有关知识已经作为他们循序渐进的教程中的一个环节，自然而然、由浅入深地被他们了解和掌握。对于已过求学年纪的成年人来说，对数字媒体技术的了解和使用，或多或少受到工作和生活环境的限制。

1. 人的认知心理及过程

人的认知过程是一个从感性认识到理性认识的过程，这个认知过程可以划分为三个主要阶段。

（1）感觉。

感觉是人脑对于直接作用于感觉器官的事物的个别属性的反映，是最简单的心理活动现象。感觉具有相互作用的特性，一般来说，微弱的刺激能加强其他感觉的感受性，而强烈的刺激会降低其他感觉的感受性。实验证明，当弱的听觉刺激（如柔和的音乐）出现时，可提高视觉对颜色的感受性，而强烈的听觉刺激（如马达噪音）则使眼睛的辨色能力显著降低。同样，弱光刺激可提高听觉的感受性，强光刺激则使听觉下降。同一感觉的各个部分之间也会有相互作用，如在明月的刺激下会感到星稀。

按性质划分，感觉可分为无意和有意两种。有意感觉指自学的、有预定目的的感觉和注意，它往往需要一定的主观努力。无意感觉指既没有预定目的、又无须经过任何主观努力，自然而然地对一定事物发生的注意。例如，强烈的刺激、新异的刺激、突出的刺激以及富于变化的刺激等客观因素都能引起无意注意。儿童对设计优秀的广告片、广告词的无意感觉正好说明了这一点，因此，设计以儿童为用户群体的媒体节目时，应多考虑能引起无意注意的因素，这样才更能引起儿童的兴趣。

（2）知觉。

知觉是人脑对于直接作用于感觉器官的事物的整体的反映，它不是感觉的机械总和，而是人脑对事物的各种不同属性、各个不同部分及其相互关系比较复杂的分析、综合活动的产物。人对事物有了感觉，但感觉如果要被大脑所知晓，还必须经过第二个步骤，即知觉。知觉是大脑对客观事物的反映的辨识，经过认知，大脑将知道事物是什么。知觉的特征如下：

①知觉的选择性。

人们会有选择地把某一事物作为知觉的对象，影响选择的主观因素有人的需要、人的动机、兴趣等，凡与人的需要、人的动机、兴趣相关的事物都容易被优先选择为知觉对象。影响选择的客观因素主要在于对象与其背景的差别，差别越大，对象就越容易从背景中分离出来。因此，为使知觉对象容易被分辨出来，必须增强对象与背景的差别。

②知觉的理解性。

知觉的理解性表现在知觉都是在过去的知识、经验的基础上进行的，在知觉某一对象时，人们总是根据过去的知识、经验来解释、理解它。从传播的角度说，过去的知识、经验就是先验信息。设计数字媒体时，一定要根据用户群体共同的先验信息来安排内容，这有助于用户对媒体的理解。

③知觉的整体性。

知觉的整体性意味着知觉的对象是一个整体，这一整体由不同的部分或属性组合而成。可见，数字媒体的综合使用能促进知觉的进行。在数字媒体中，往往通过多种媒体从不同的方面来表现、描述和传达一种信息主题。这种数字媒体的感觉不是孤立的，而是综合地获得的个别事物的反映，由此也可以说明数字媒体比传统媒体更适合于人的感觉系统，对感觉的综合过程是信息传播者和受众双方努力的结果。

（3）表象。

通过感觉和知觉，大脑将对不同事物形成不同的表象，使人意识到各种事物的存在。也就是说，一件事物必须经过用户自己的分析与综合，进行编码，才能认知和记忆。表象也就是在感知的基础上对事物的概括的映象，是具体地感知到抽象思维的过渡和桥梁，是内化的心理过程。表象的特点如下：

①直观性。

直观性是通过直观感知获得事物的一般特点。也就是说不经过编码（概括、表象过渡）的信息是不会被人脑所接受的。经过良好组织的信息，比没有经过组织的信息更容易被受众接受和记忆。这体现了传播中信息组织的重要性，信息的组织要遵循并利用受众从感觉、知觉到表象的思维发展规律。数字媒体之间要以信息的相关性为根本组织到一起。这种相关性表现在信息的整体性，超媒体连接中信息的前后关联、横向关联与纵向关联等。

②概括性。

概括性也是一种思维的过程，通过个别表象的逐步积累和融合而得到总体结论。通过对表象的研究发现，对一个事物的整体经验不是个别经验的简单相加。

2. 认知心理在传播中的应用

从信息论的观点看，信息的认知和信息处理的过程是完全相符的，但所用的术语有所侧重，如图 3-1 所示。感觉是输入，感官的感觉在大脑中的再现是存储，进一步的分析综合是加工，获得概括的表象是编码，最后的思维是信息的真正获取。人类认识事物的方式总是循着从感性到理性这样一个思维过程进行的，一种新事物的出现，首先要被感知，然后通过输入过程被大脑存储和加工，最后经过综合编码，获取对事物的印象和经验。通过对人的认知心理及过程的分析可得到如下五个方面的结论。

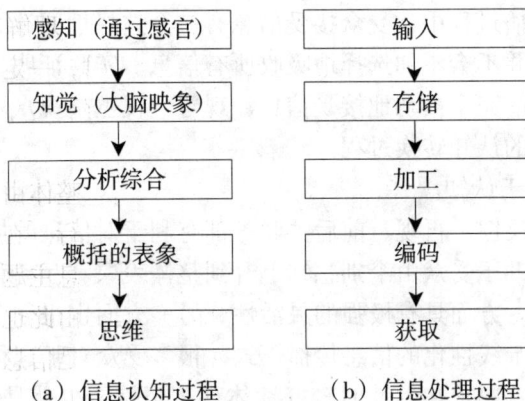

```
感知（通过感官）          输入
      ↓                  ↓
知觉（大脑映象）          存储
      ↓                  ↓
  分析综合                加工
      ↓                  ↓
  概括的表象              编码
      ↓                  ↓
    思维                  获取
 (a) 信息认知过程      (b) 信息处理过程
```

图 3 - 1   信息认知和信息处理的过程比较

（1）信息组织的重要性。

信息的组织要遵循并利用受众从感觉、知觉到表象的信息认知规律。编排良好的互动性信息有利于提高用户的积极性。多种媒体之间要以信息的相关性为根本组织到一起，这种相关性表现在信息的整体、超媒体连接中信息的前后关联、横向关联与纵向关联等。

（2）多通道有利于信息接受。

在对记忆的研究中，有人做了这样一个实验：有三组受试者，只让一组听、一组看，然后在第三组看时加上讲解。在其后进行的测试中，第一组平均记住了60%，第二组记住了70%，第三组则高于80%。这个实验说明了多通道协同有利于记忆，其原因如下：一是多通道增加了表象的数量；二是各感官接受的信息还会影响其他感官，即联感、通感等；三是某些感官，如肌肉运动摄取知识的感官，所感知的信息的存储由小脑负责，从而增加了存储空间；四是多通道有利于集中注意力。

（3）认知选择性的应用。

受众认知选择性说明了受众认知来源和认知范围的局限性。大众传播的议程设置理论表明，受众选择信息的范围是由传播者控制的。当受众阅读或获取数字信息时，虽然能根据自己的兴趣和需要进行取舍，但是这个选择范围总是在传播者预定的范围之内。受众在这方面的被动实际上给传播者提供了一个主动发挥的空间，可以对传播的内容进行取舍和组织，即可以在了解受众需求的基础上，决定传播的主要内容和形式。

（4）受众认知的主动性。

受众认知的主动性是指接受者通常是有选择地理解、分析、综合和记忆信息，即在实际的传播过程中，受众接受信息有一个选择性阅读、选择性理解、选择性记忆的过程，并不会不加选择地吸收所有信息。实验证明，即使是电视观众也不是坐在电视机前完全被动地接受信息，观看电视也是观众、节目以及观看情境之间的一种主动的认知转换过程。

（5）互动有助于认知。

互动过程中的反馈、再现、前后关联等都有利于对信息的加工编码和分析综合。因此，互动有助于受众由个别感知上升到整体表象。互动和超媒体实现了信息的网状联系。它一方面具有极强的灵活性，另一方面也很复杂、紊乱。尤其是现在人们已经习惯于线性化的信息传播模式，很多受众对于这种网状结构很难有一个总的把握。这就要求在设计时较好地体现逻辑性，也就是信息的组织结构，这需要进行精心设计才能达到目标，使受众感受到作者的创作意图，对每一次互动用户可能的选择进行编排，使之能沿着一条信息"走廊"前进，而不是迷失在信息的汪洋大海中。

3. 数字媒体受众分析

数字媒体是一种新型的传播媒体，因此，其本身的特点对受众心理的影响也是一个值得关注的问题。从认知心理学的角度看，不仅知识型和非知识型群体，年轻人和成年人群体之间存在认知过程和兴趣的差异，在任何不同年龄、不同职业、不同性别的群体中，都会有这种接受新事物、新概念的认知差异。

（1）认知能力与年龄、教育成正比。

根据心理学原理，个人与环境之间越来越复杂的相互作用，会随着时间的发展构成人类的智力，每一阶段依赖于前一阶段与前面的阶段而构成一个整体。在心理成熟的发展过程中，人们对娱乐的需求有增无减，只不过方式不同而已。娱乐消遣作用和正面传播、教育并不完全矛盾，并非有了娱乐作用，教育就一定要削弱，能做到寓教于乐，则是很大的成功。

随着心理的成熟，中、青年人喜欢知识含量相对较高、节奏较快、形式丰富多彩的节目，对色彩的感觉也丰富起来，对非饱和色彩和中性色彩有了自己的偏爱和理解。老年人则趋于平和，易于接受内容、节奏、色彩、音乐都较为舒缓流畅的节目。对于少年儿童而言，他们将是伴随着网络的发展而成长的一代，孩子很容易接受新事物，并成为电子游戏和网络游戏的追随者，因此，利用数字媒体开发、传达适合少年儿童的教育节目，将是教育研究的重要课题之一。

（2）知识型受众的职业差异。

知识型受众对媒体的要求较高，不仅注重形式，更注重内涵，信息的深度、广度是他们关注的重点；而普通受众则更偏爱通俗的内容。这是严肃与通俗的问题。事实上，严肃和通俗并非壁垒森严、界限清楚，例如文学，金庸的小说既出现在书店，又可以在地摊上找到；张爱玲的小说既成为学院研究的对象，又到处可以流行。雅俗共赏是一种很高的境界。对于数字媒体信息而言，除了注重内容的雅俗因素外，还要考虑受众对这种新媒体的认知能力。知识型受众往往具有较高的媒体认知识能力，媒体设计时可以更注重其传播内容；而普及型受众则可能需要先通过网络媒体提高其数字化认知的能力，获取相关的信息。

在知识群体中，接触数字媒体最多的是从事与信息行业相关的行业工作者，如从事计算机网络、信息管理以及计算机辅助教学等工作的人。他们的信息来源便捷、感觉敏锐，对数字媒体的需求更注重制作质量和技巧。在数字媒体应用的初始阶段，他们很容易从技术的角度来看待数字媒体，追求节目的完善性，他们的兴趣中带有过多的求新、求奇、求制作水平高的心理。其他从事非信息行业相关工作的知识群体，对数字媒体的接受能力就显示出较大的差异。整体而言，从事社会科学领域工作的知识群体容易表现出对计算机、数字媒体的生疏感而不易接受，而从事自然科学领域工作的知识群体更容易接受和理解数字媒体。这主要是因为数字媒体在初始阶段主要表现为数字技术的应用，技术带来的生疏感很容易造成对数字媒体的抗拒心理。

（3）青年型受众性别的差异。

青年群体是数字媒体的新生力量和潜在受众，他们对新生事物有着天然的好奇心理和接受能力，他们在接触事物时，经常以自身的情感为中介欣赏和评判客观事物的美丑，具有强烈的美感意识和奋发向上的创造精神，他们的兴趣随着智力和社会活动的发展变得日益丰富。在这种欣赏和评判过程中，不同性别的年轻人会体现出不同的心理状态。根据心理学分析，青年男女的兴趣差异主要表现在兴趣的倾向性、广阔性、持久性和效能性等方面。

①倾向性差异。

女性易显示出"人物定向"，即思维带有明显的形象性特点，给人一种"人情味"的感觉，对文学、艺术等与人生关系密切的学科和职业更感兴趣；男性易显示出"物体定向"，即思维带有明显的抽象性特点，对探索物体的奥秘等自然学科更感兴趣。

②广阔性差异。

女性的兴趣容易局限于某一方面；男性的兴趣比较广泛，好奇心容易在各个方面表现出来，虽然这种广阔性有时表现为泛而散。

③持久性差异。

女性一旦对某一事物产生浓厚的兴趣，就显得较为稳定、安心和认真，表现出良好的自觉性和积极性，即便时过境迁，也会保留兴趣的余波；而男性的兴趣因为常常受好奇心驱使，不易形成固定的倾向，其持久性程度表现不如女性。

④效能性差异。

女性的兴趣停留在对事物的感知上，而男性的兴趣更能付诸实际行动。在现实生活的选择性行为中，女性更易显示出从众心理、崇尚流行心理和接受暗示的心理。

因此，在设计开发数字媒体项目时，考虑到上述青年群体的特点和男女心理差异，针对他们追求的兴趣点，才能适时地推出能引起青年人共鸣的内容。

3.2 选题

选题，也可称选题设计，既是微观的具体操作的环节，又是宏观的涵盖整体并起着关键作用的抉择。与传统媒体一样，任何一种数字媒体创意都是从选题开始的。

3.2.1 选题背景

大千世界中，可供开发、利用的传媒信息可以说是无处不在、无时不有，关键是策划者能不能真切地感觉信息，能不能敏锐地捕捉信息，从信息的剖析、过滤、筛选中形成选题灵感，并以独特的选题构想对信息资源进行开发，使之在重组中升值。数字媒体信息涵盖的范围非常广，因此选题的信息来源不仅渠道多，而且丰富多彩。数字媒体项目一般有两种类型：一种是自己完成的选题，另一种是客户委托的项目开发。第一种情况有较大的自由度，而第二种情况就需要根据客户的要求进行策划。面对令人眼花缭乱的传播信息，若无敏锐的专业眼光和洞察力，一方面很容易与有创造性的选题擦肩而过，另一方面又很容易造成选题重复，使设计出的数字媒体项目毫无特色、没有竞争力。

选题是创造性的思维活动，在网络媒体飞速发展的时代，内容和形式两方面的求新尤其盛行一时。每一个选题都应该有新的构思，形成鲜明的个性特色，利用最先进的数字技术，只有这样，传达的信息才能在受众中留下鲜明的印象。在选题阶段，最主要的问题是选题方向是什么，怎样的信息内容能够满足受众或市场的需求，用数字化方式来传播这种信息是否合适，选题是否具有可实现性和预见性等。

3.2.2　选题原则

选题是一种创造性的思维活动，信息传达是一种为受众服务的文化活动。数字媒体项目的选题策划与传统媒体有许多类似的因素。马斯洛将人类需求从低级的生理需求到高级的自我价值实现划分为金字塔式的五个层次，而这些不同层次的需求都可以转化为获取知识的机会。

1. 充分调研，锁定目标受众群

在数字媒体飞速发展的时代，内容和形式两方面的求新尤其重要，因此在选题时要对已有市场进行充分的调研，明确具体的受众群，对受众的求知心理进行分析，充分了解和研究受众的信息需求，有针对性、有目的地设计选题，以新技术的应用、新的表现形式、互动的信息传达方式为"求新"的切入点，采用"求异"的思维方式，在对同类现象反复比较后，激发更大的更有特点的创新。这样，选题才会具有新颖的构思、鲜明的个性，传达的信息才能在受众中留下深刻的印象。

2. 文化积累

文化的发展可以说是"继承—创新—积累"的过程。数字媒体与传统媒体一样，不仅要传播文化，还要积累文化。数字媒体传播的文化成果是人类的共同精神财富，可以超越时代、民族、地域的界限，长期流传，造福后世。因此选题时要从文化建设的长远需要出发，尽可能选择那些研究、解决重大社会课题的选题，反映各门学科研究成果的选题，总结整理文化遗产的选题，汇集名家名作的选题，或者是实用技术方面的选题等。而数字媒体处于一个开放的环境中，发布信息没有限制，注重文化的积累有助于从内容和形式上打造精品。

3. 独创性和开拓性

独创性和开拓性是选题个性化的体现。独创性是在数字媒体内容、形式、创意和设计等方面的创新；开拓性是开发新的选题或者在原来的选题领域中拾遗补缺。每一个选题都应该有新的构思，形成鲜明的个性特色，不能模仿别人的选题思路、抄袭别人的选题模式，只有这样，选题才能在受众中留下鲜明的印象。

4. 系统性和可行性

选题是一个系统工程，只有对选题作全面系统的策划，才能使选题的最佳效益最终得以实现。数字媒体项目的选题与传统媒体有许多类似的因素。首先，要明确项目的目标，也就是传达的预期效果；其次，要确定要传达信息的内容以及信息的呈现方式。有了选题，才能进一步收集、处理、组织与选题有关的信息。

选题时要充分考虑是否具备一定的可行条件，否则就会造成工作的被动和人力、物力、财力的浪费。因此，需要注意两个方面的问题：一是研究分析实现该选题应该具备的主客观条件；二是充分估计客观情况可能发生的变化，对未来情况的变化要有充分的思想准备。

3.3 策划

策划是数字媒体创意决定性的一步。只有通过策划和需求分析，设计相应的对策，才能把数字媒体要传达的信息描述为具体的可行的策划文档，为数字媒体的开发设计奠定基础，满足市场需求。

3.3.1 策划原则

数字媒体采用多种媒体表现信息，因此具有艺术作品的特点。信息传播效果的优劣可以首先从风格上体现出来。媒体是否吸引受众、打动受众，从某一方面说要看它是否具有一定的特点和风格。在策划一个数字媒体项目时，需要依据相关策划原则，从目标受众的认知能力、传播的目的和信息内容等方面选择媒体形式，进行风格定位和创意实施。

1. 创造性的设计原则

英特尔前总裁罗夫曾说："我们正在置身于一场争夺眼球的战争。"他认为要通过数字媒体的发展将那些在传统媒体前消磨时光的人们的眼球吸引到数字媒体上来。数字媒体要具有良好的风格，要能够引起受众情感的共鸣，能够吸引受众参与。

从某种意义上说，喜新厌旧是人的天性，独一无二的、创造性的设计总是能引起受众的注意，因此，良好的创意是体现风格的基本要素。风格是一种艺术表现，创新性的设计可以影响受众的情绪，加强受众对信息的感知性，甚至可以改变信息的导向。

从概念上说，风格也是一种强有力的视觉标志或较强的个性。个性强，一般不会导致受众的漠视，但问题是这种视觉冲击是否是积极的。视觉冲击可能会走向两极：人们接受和喜欢，或者拒绝和讨厌。需要注意的是，视觉冲击与视觉干扰是完全不同的。从语音传达中的"音质"来考虑，毫无疑问，平静地、清楚地、充满自信地传达比伸长脖子高声叫嚷的效果要好得多。因此，设计要符合数字媒体项目的总体传达目标，起到导航的功能，引导受众轻易地获得所需的信息。

2. 功能性与艺术性统一原则

任何一个设计领域，如建筑设计、汽车设计，乃至数字媒体设计，都要考虑两种因素。第一种是实用性。例如汽车，虽然常常会有一些局部的不同，但整体而言汽车是以功能来划分的。第二种是风格因素。功能和机械性相同的不同品牌汽车，为什么受欢迎的程度会不同呢？这是因为汽车不仅仅是一个机器，它还是车主个性的延伸，贴近的风格能引起车主情感的共鸣。

设计中，这两个因素是不能完全分开的。无论是设计性能还是设计风格有问题，都会导致设计的失败。在数字媒体项目设计中，"机械性能"通过数字媒体技术来传达信息；"风格"则提供潜意识的信息传达，与性能同样重要，因为风格可以加强或削弱所传达的信息。如果把传达的信息比作语音，设计风格可以说是信息的"音质"。

数字媒体的特征之一是对信息技术的依赖性，而信息技术以前所未有的速度发展、更新、变化着。因此，最大限度地采用数字媒体技术，是使数字媒体传播始终位于发展前沿的一个简单方式。此外，由于数字媒体具有对信息技术的依赖性，而且并不是任何好的创意都能在已有的技术条件下实施，或者说在经济的前提下实施，因此，创意设计者对技术的了解有助于设计的成功。

3.3.2 策划过程

根据传统媒体策划的一般原理，可以将数字媒体项目的策划过程归纳为以下五个方面。

1. 目标策划

目标是组织预期达到的目的与结果，具有预测性、可计量和激励性等特点，也是策划本身的出发点和根本动机。所谓目标策划法就是策划者依据自身的资源，组织或统筹所有的有效要素去实现目标的一种方法。许多人在策划过程中常常因为目标的艰巨而忘却了目标的存在，这样一定程度上会使结果产生偏离。为此目标策划就分为三大步骤：

（1）信息传达要确定其传达的目标。

对于数字媒体项目来说，无论是商业演示、教育培训，还是工商业广告，都必须了解其要传达的目标是什么，明确的商业目标是策划的基础。

（2）探讨项目开发的策略。

数字媒体项目开发是一个系统工程，需要周期性的管理和维护，因此，要明确以下几个问题，系统开发是否采用特殊的开发策略？开发和评测的周期为多长？评估的质量标准是什么？

（3）项目的背景和资源的可获取性。

必须考虑同类选题或竞争对手的状况、项目的特色和新意，要具备"你无我有、你有我全、你变我新、你新我高"的水准。惟其如此才能在激烈竞争中独占鳌头，使自己立于不败之地。

2. 信息策划

信息是传达的内容。信息策划主要包括信息内容、信息特点分析。数字媒体在信息内容中已经涵盖了传统媒体的范围，除了确定欲传达的信息内容，还要分析信息在传统媒介表达方式中有何不足、如何发挥数字媒体的优势等问题。这些问题涉及数字媒体特征的发挥和运用。

3. 受众定位

受众是信息传达的对象，只有了解了谁将构成未来的市场、他们的需求是什么，才能赢得这个市场。数字媒体是一个新兴的传播媒体，与传统媒体类似，受众分析是很重要的一个方面。因此，策划是否适合预期的受众，或者说如何引导受众，是关系到数字媒体传达效果的主要因素之一。

首先要确定已有的市场，了解受众典型、年龄段和状态情况。除了已有的受众群，还要了解是否存在潜在的新市场和受众群，他们与已有市场的区别等信息。由于数字媒体还是一个发展中的新行业，因此了解目标受众对数字媒体的认知程度也非常重要，应了解受众对数字媒体的需求是什么。

4. 环境策划

环境策划包括传播载体和阅读环境两个方面。有关应用环境的因素可从如下方面考虑。

（1）信息载体。

信息载体是在信息传播中携带信息的媒介，是信息赖以附载的物质基础，也是用于记录、传输、积累和保存信息的实体。它包括以能源和介质为特征，运用声波、光波、电波传递信息的无形载体和以实物形态记录为特征，运用纸张、胶卷、胶片、磁带、磁盘传递和贮存信息的有形载体。不同的载体具有不同的特征，这将直接影响项目的开发和信息的传达。

（2）浏览环境。

浏览环境要考虑受众对信息的获取是否需要较长时间的连续浏览、是桌面环境还是广场上的商业演示环境、受众是坐着浏览还是站着浏览等问题。

（3）开发环境。

要考虑用什么样的媒体或媒体组合来传递选题信息，是否包括音频、动画或视频信息。这些问题不仅从一个方面确定了数字媒体的定位，而且基本确定了数字媒体开发机构的组成、对制作人员的要求以及所需硬件环境的要求。

5. **策划方案的审核**

项目开发组的每一个成员开始都会将不同的目标、偏好和能力技巧带到项目中来，但是当大家对任务和目标达成共识后，就需策划和统一项目的总体设计方案。这一阶段的目标是确定可能的成功模式，而且开始从受众的角度分析设计方案中的问题。但是，一般的开发组都不会将目标受众包括在内。同时，对于那些没有类似项目开发经验的成员来说，难免把已有的偏见带到项目中来。审核小组是保证一个项目成功的良好机制，他们可以从受众的角度来看策划方案。策划方案通过这种审核和进一步的修正，将更接近受众的需求。

3.3.3　风格策划

风格是区别于其他事物、其他人、其他媒体项目的个体特点。数字媒体的风格更多地体现在其用户界面和外观上，也就是给受众的印象和感觉。风格能引起设计者与受众情感的共鸣，构建数字媒体内容相互间的关系，起到承上启下的作用。没有风格的作品是没有生命力的，这不仅表现在风格可凸显与其他作品的不同，更在于可与受众取得沟通。艺术作品都视风格为精髓，这样才能使其从众多竞争对手中脱颖而出。

数字媒体采用多种媒体表现信息，因此具有艺术作品的特点。信息传播效果的优劣可以首先从风格上体现。媒体是否能够吸引受众、打动受众，从某一方面说要看它是否具有一定的特点和风格。在策划一个数字媒体项目时，需要根据其目标受众的认知能力、传播的目的和信息内容等确定媒体形式，进行风格定位和创意。

根据竞争优势理论，"别具一格"是获取竞争优势的主要手段之一。例如，包装设计就是视觉控制设计。包装设计师的任务就是使商品包装后能够在拥挤的超级市场的货架上具有竞争力。他们做设计时往往要模拟真实的场景。设计师把竞争对手的产品买回来，在实验室中与自己设计的产品排列在一起。一种包装如果要吸引用户的注意，它应比周围众多的产品体积更大、色彩更亮或更有品位。好的设计师应该力争主动，甚至不惜影响竞争法则。例如，如果你设计的洗发水不是装在塑料瓶中，而是装在铁罐中，那么你就创造了一个独特的产品，从众多竞争者中脱颖而出，因为你敢于与众不同。如果数字媒体项目也能达到这个地步，那么离成功的设计就不会太远了。但是，也许不久你所设计的数字媒体产品又会回到被淹没的状态，那么下一步就应该是设计的更新了。

3.4 数字媒体项目开发与管理

数字媒体是一种新的交叉领域，数字媒体开发比大多数其他类型的软件开发更需要技巧与独特的才能相结合。数字媒体项目开发实质就是根据一定的传达主题和受众需求，选择和编辑表现主题的多种媒体数据，利用媒体软件把数字媒体数据按一定的结构有机地组织在一起，实现互动控制的过程。

3.4.1 数字媒体开发队伍

数字媒体开发过程需要有创造力的人，能够把最无趣的事物变成儿童和老人都关注的事物；需要有组织能力的人，把看起来无组织的事物组织起来；需要能独立思考和合理思考的人。如果有幸网罗到这些人，那么就有可能创造出最好的数字媒体产品。

数字媒体开发队伍由许多具有专门的技巧和才能的人组成，如图 3-2 所示。

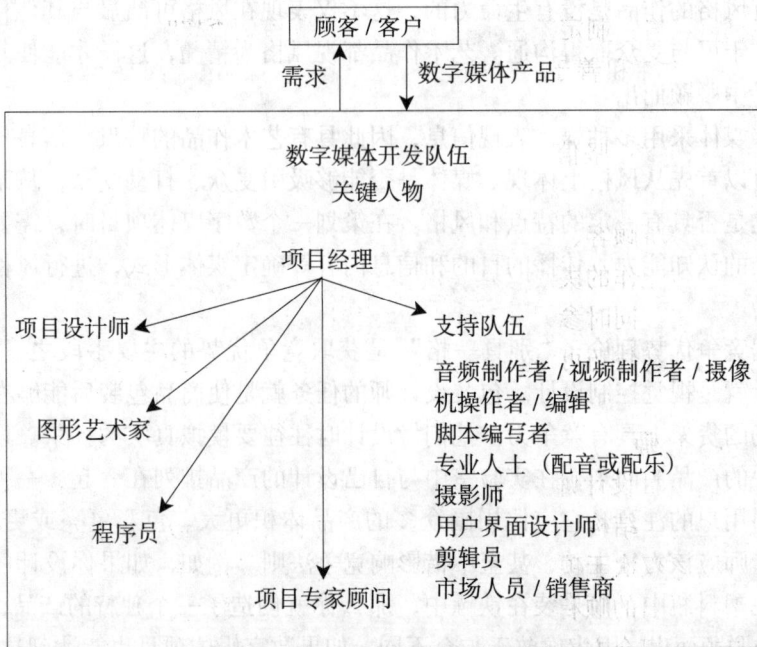

图 3-2　数字媒体开发队伍

1. 项目经理

项目经理负责组织或监督数字媒体开发项目。最低限度上，项目经理必须了解成功的数字媒体开发所必需的各方面的技术；更理想的情况是，项目经理也拥有很好的处理人际关系的技巧，这样才能成功地组织并管理开发者队伍。项目经理应具备下面的才能和能力。

①计划者：在时间表和预算的限制范围内为项目设计一个有效而费用低廉的方案；

②队伍的创建者：集合一个开发者的队伍，然后发动他们一起工作；

③组织者：把数字媒体技术人才很好地组合起来，配合时间进度表和技术工作需求来组织项目；

④协调员：平衡项目、顾客和开发队伍的需求；

⑤灵活和果断的教练：知道如何使开发队伍取得最好的成果；

⑥工作流程管理者：以合理的顺序安排活动和任务；

⑦售货员：理解顾客的需求，在预算之内按时递交解决方案；

⑧解决问题者：鉴别和校正技术上和管理上的难点；

⑨质量负责人：确保数字媒体产品没有错误；

⑩目标制定者：制定特定的任务，注意该任务能否按时完成；

⑪拥有创造性和善于分析的头脑：具备为解决复杂问题提出新奇想法的能力；

⑫积极的态度：坚信尽管会走弯路，但无论如何，最终都可以完成复杂的项目；

⑬听众：倾听顾客、开发队伍成员、管理层和所有人对项目的看法，然后作出可以成功完成工作的决定；

⑭多任务者：同时参与多件事情，包括技术上的、管理上的、进度上的和预算上的问题。这种技巧可能是所有技巧中最重要的，因而也是选择项目经理的决定性因素。

2. 项目设计师

数字媒体项目设计师负责项目的技术方面，决定数字媒体产品的内容、功能、组织、能力、结构、用户界面、导航和技术需求。在开发数字媒体项目的过程中，设计师是仅次于项目经理的第二号决定性人物。经理负责完成整个项目，而设计师负责项目的顺利开展。项目设计师需要很多技巧，包括：

①在交互式媒介方面的经验。这些经验必须包括关于大量产品和工具的广泛的知识；

②在技术和艺术领域的创造力；

③乐意接受改变；

④对细节的关注；

⑤愿意成为队伍的一分子；

⑥良好的口头和书面表达能力；

⑦为自己和开发队伍其他成员创建产品结构的能力；

⑧在压力下能够出色完成工作的能力；

⑨使用数字媒体编著工具的技巧。

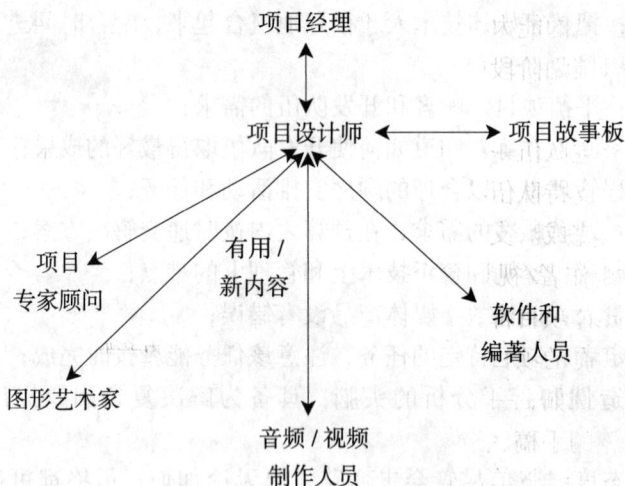

图 3-3　项目设计师责任

项目设计师的责任如图 3-3 所示。项目设计师直接与大量的关键人物共同工作，负责开发基于现有的主题内容或新开发内容的故事板。设计角色的关键在于从项目专家顾问那里获取产品的组织结构。通过与图形、音频、视频制作专家的紧密合作，设计师将能够确定什么内容是有用的、什么内容对于完成项目是必需的。设计与软件及编著人员协调工作，以理解如何使用工具来展示内容，告诉程序经理项目的定义、时间进度表和资源的管理。因此，不仅在设计动作方面，而且在决定数字媒体产品的内容方面，项目设计师都扮演着最具决定性的关键的角色。

3. 项目专家顾问

项目专家顾问是在该项目领域内知识渊博的人。专家在确定产品内容的性质和组织方面配合项目设计师或对项目设计师提出建议。例如，聘请一位在投资和股票市场方面颇有研究的著名专家，对于开发一个名为"如何炒股致富"的数字媒体产品来说将是必要和重要的。某些情况下，甚至会约请多位专家指导具体的各个方面，或者广泛参与项目的各个领域。专家也应该对确认和评估产品的内容负责，并贯彻于编写故事板和编著产品的全过程。项目专家顾问最重要的工具便是他在自己所专的领域中拥有毋庸置疑的权威知识。

4. 程序员

程序员编写程序代码或使用开发工具把内容和程序结合到一个数字媒体产品中。程序员需要把故事板和内容结合起来，使用数字媒体软件编著工具建构一个产品。程序员拥有的决定性技巧包括分析、使用软件和编著工具的能力以及融入队伍成为其中一员的能力。程序员要熟悉很多编著环境和编程语言，并且可能参与到项目的前期策划阶段中，需要在不同编著环境给设计和项目经理提出建议。

5. 支持队伍

支持队伍和主队伍一样重要，在项目进展过程中通常不需要他们考虑太多不同方面的内容。支持队伍必须开发出项目中的某一项或某几部分内容，或者确保整个项目的顺利完成。支持队伍包括：

（1）音频制作者/视频制作者/摄像机操作者/编辑。

许多数字媒体项目都有在音频和胶片制作方面富有技巧的专业人员。这取决于项目的需要，有的项目可能需要人员在制作高质量的音频和视频软件过程中始终如一的努力。例如，一个建立在对某领域专家的访谈基础上的产品可能需要数月准备访谈问题的手稿、组织和拍摄访谈的过程并且把胶片转换成数字格式。

（2）脚本编写者。

和音频/视频制作人员以及项目设计师协调工作，为声音和屏幕制作编写脚本。

（3）专业人士。

和音频/视频制作人员一同工作，制作模拟和数字视频内容的专业演员和语音人才。

（4）摄影师。

拥有传统的基于胶片介质的技巧，和图形艺术家密切合作以鉴别主题、拍摄手法，甚至使用的胶片类型和快门速度。

（5）用户界面设计师。

负责设计不同应用程序的屏幕在使用时如何运作。用户界面设计师有广泛的计算机应用设计经验，他们和项目设计师及图形艺术家密切合作以完成想要获得的应用程序工作界面。

（6）剪辑员。

和设计师一起工作以确保大项目最终产品能够做到"天衣无缝"。当产品与其他事物或类似的产品相关时,或者为了确保产品线的一致性,便需要使用剪辑员。

(7)市场人员/销售商。

负责销售产品。一个有效的数字媒体产品销售人员需要才能和技巧的组合,其中牵涉到应用程序或产品的包装、分配、销售和售后支持。

各个项目支持队伍的组成千差万别,这取决于音频和视频制作的需要、制作流程的组合,或者包括公众领域在内的不同数量与类型的内容的采集。根据不同情况,支持人员将被聚集起来并被指派到各种支持服务中。

3.4.2 数字媒体的开发过程

数字媒体开发相对于大多数软件开发来说是很独特的,传统的软件应用开发者通常会把目光集中在软件的运行功能上,而数字媒体开发者还必须考虑应用程序的内容。因此数字媒体产品开发是建立在很多因素的基础上的,数字媒体软件的设计开发过程如图 3-4 所示。

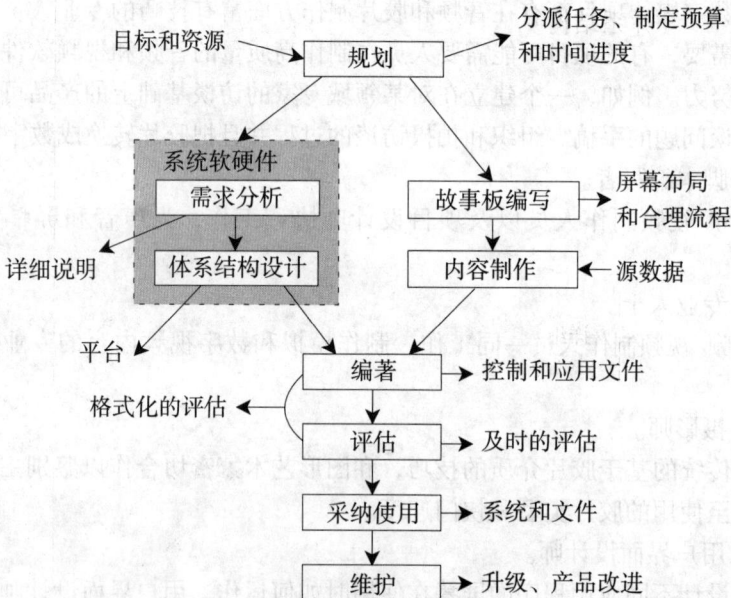

图 3-4 数字媒体软件的设计开发过程

1. 规划

规划是数字媒体开发的开始阶段,好的规划是项目成功的基础。规划试图在数字媒体产品创建之前描述要开发的产品，包括：

①确定项目和产品的目标。产品的版本是什么？谁将会使用它们？他们将如何从中受益？

②指定项目目标。哪些资源是可用的？它们如何有助于产品的创建？需要多长时间来完成项目？

③观察技术问题和内容。如何使用内容、硬件和软件来开发产品？

④分配人员和设备资源。产品的设计、编程、测试和配置与哪些人员、哪种资源有关？

⑤确定时间进度。每项任务的完成需要多长时间？每个次级任务需要多长时间？彼此之间有什么关系？

⑥建立和监督项目预算。大多数项目的预算都有限，在做任何事情时都要考虑到预算。

⑦控制可能阻碍项目进展的风险。什么地方可能出错？如何阻止这些问题的发生或者控制它们，把它们对产品开发的冲击降到最低？

2. 需求分析和体系结构设计

需求分析和体系结构设计过程如图 3-5 所示。

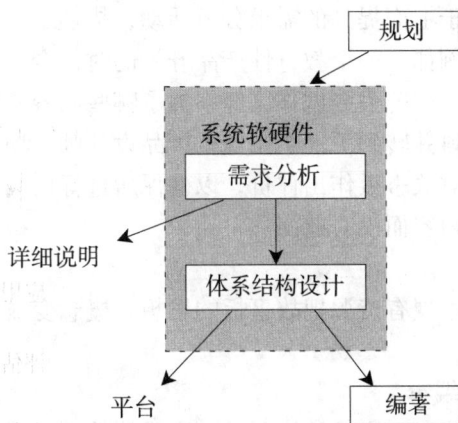

图 3-5　需求分析和体系结构设计过程

需求分析描述数字媒体产品的软硬件需求。在数字媒体产品开发的早期使用需求分析来表明系统的方方面面，可防止遗忘一些重要的事情，还可在以后的测试中验证是否每件事都按照预想的情况运作。需求分析的详细说明由所有相关人士来作出评论，以求达到预期效果，包括：

①程序和硬件功能：描述应用程序的功能性特征，包括预期目标、预期完成时间以及产品程序；

②性能：描述对软硬件速度、大小和效率上的期望；

③用户界面：描述软件的使用者以及他们期望如何使用软件；

④硬件：描述硬件的特征，如最终用户希望拥有的或应用程序所适用的硬件平台类型；

⑤硬件和软件接口：描述软件在硬件系统上的运行情况，也就是软件如何实现对硬件的控制。

体系结构是用于产品开发的软硬件设计方法，它描述了软硬件如何设计和开发，并且补充了内容开发。通过识别或选择，体系结构把需求转化为设计。

①包括应用开发环境和操作系统在内的特定软件；

②支持软件的特定硬件；

③软件如何安装到硬件上；

④如何开发新软件以满足特定的需求。

3. 编写故事板

编写故事板是定义消息和描述用户与内容、应用的交互情况的过程。编写故事板是一项很复杂的工作，主要为描述内容、流程和格式的屏幕显示开发面板。

编写故事板类似于上面提到的需求分析活动，描述了在内容方面产品将会做什么以及如何去做。例如，一个教育性产品开始的时候会有一个选择菜单，根据菜单可以跳转到相应的内容去测试你已经掌握了哪些内容。根据测试的结果，给予用户相应的复习材料并转到下一个主题。产品设计师、项目专家和教育问题专家会开发出故事板并对故事板作出评价，以确保所选择的内容全面覆盖了预期的最终用户可以学习的内容而没有遗漏。

4. 内容制作

内容制作就是利用现有资源把故事板的思想和概念变成现实，包括如下几个阶段。

（1）素材采集与编辑。

这个阶段要根据信息内容及结构要求，完成软件项目中所需要的全部原始素材的采集及计算机的加工处理。包括对现有的文本、图片、音频和视频资源进行鉴别，必要时要获取现有材料的各种使用权；把源图片、音频和视频数字化，将它们转换成与数字媒体编著软件和传送环境兼容的格式；制作所有原始材料，包括文本、图形、音频效果以及图形制作人员制作的动画；为产品的演示而格式化源数据，如修改内容，调色，改变数字音频采样频率、位数和声道，修改数字视频的帧率、帧大小或颜色深度。

（2）信息设计。

信息设计也称为脚本编创，如同影视创作中的剧本编写。信息设计对要传达的内容的设计和最终产品的成功起决定性作用。对信息设计者来说，首先要求其具有较高的创意才能，其次要对数字媒体表述有深刻的理解。此外，脚本作者还应对创作选题、受众定位等有很好的理解。只有这样，才可能编写出优秀的数字媒体应用系统的脚本。一个好的脚本可以大大减少项目后续阶段的工作量。

（3）结构设计。

结构设计是制作的关键阶段，它描述软件运行的流程和互动性。设计结构时，首先应完成项目的整体设计，把文字脚本用程序流程的形式表现出来。信息按其类型划分，定义层次结构、关联关系、导航特征及最终表现方式等，完成整个项目的总体设计框架图。

（4）界面设计。

界面设计也称为屏幕设计或计算机平面设计，它决定数字媒体项目的整体视觉风格，是视觉传达设计的关键。信息设计、结构设计和界面设计也称为数字媒体项目的蓝图设计，它们共同构成项目的蓝图，描述所有的可见活动，是后续工作的指南。

5. 编著与编程

编著是根据故事板提供的布局把内容填充到数字媒体软件开发环境中的过程，是软件设计和编写故事板内容的关键。在选择恰当的编著环境时，需要考虑很多因素，如：

①所需的交互性级别，即考虑产品是一个简单的翻页器还是具有复杂的交互特性。

②对平台的要求，包括硬件和操作系统的类型和特征。

③与其他软件和系统的交互，如数据库和网络的交互。

编程是要把设计处理好的各种媒体按照软件结构框架进行总体合成，调整页面跳转、链接和互动功能，最终完成软件系统。这个过程包括两步：

①软件框架。要完成软件的框架，它是设计蓝图中结构和主要界面模板合成的结果。通过这一步可以看到项目的整体形象和工作情况，并检测结构的实施效果以及导航特征的开发。

②内容编著。软件框架完成以后，软件的功能和视觉效果基本上已经建构，但内容还是空的。内容编著是指在软件框架中填充信息的内容，也就是根据脚本和结构流程完成所有的页面内容，完成内容的开发。制作原型是一个创建有限的应用以演示特征或功能的过程，因此，可以使用有限的编著片段来描述一个数字媒体产品的原型，测试产品创意、评估软件性能、评估设计策略、测试故事流程、评定内容有效性，如图 3-6 所示。

规划

需求分析

体系结构设计

模型开发

故事板核定

内容制作

编著

模型可用于：
测试产品创意
评估软件性能
评估设计策略
测试故事流程
评定内容有效性

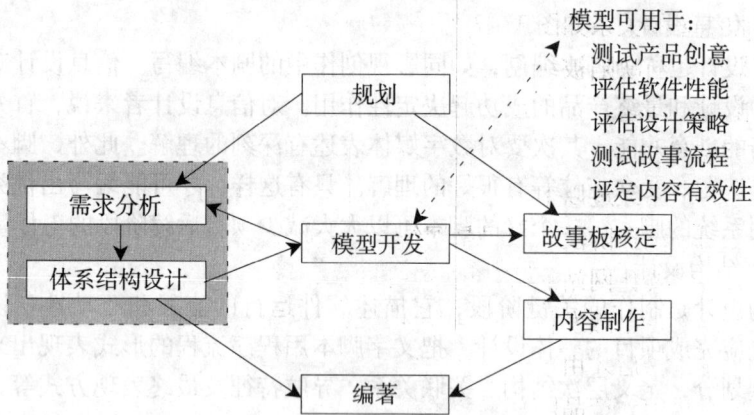

图 3 - 6　数字媒体产品的原型

6. 评估测试

评估测试的目的是确保数字媒体产品按需完成，这是项目制作的最后环节。它包括如下测试环节：

①测试软件功能的正确性和稳定性；

②对合成以后的各种媒体效果做进一步的调整和细节的修正，任何一个环节发现问题时都要转到该环节去重新编辑处理；

③在实际的运行环境中做进一步测试，针对存在的问题进行必要的调整和修正，直到符合最终的设计需求。

需求分析

体系结构设计

故事板编写

内容制作

编著

评估

采纳使用

在整个产品开发过程中格式化的评估

及时的评估可以随时反馈编著的情况以便于及时纠正错误

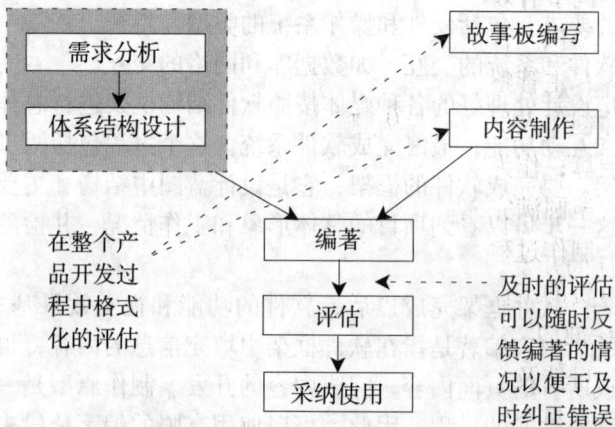

图 3 - 7　评估和编著的关系

评估和编著的关系如图 3 - 7 所示。在此关系中,对编著阶段的立即反馈被用于纠正缺陷。当缺陷被纠正时,应再复查一次以确保最初的问题得到了解决,同时没有出现新问题。

7. 应用和维护

数字媒体产品经过以上环节后,要提交设计文档、用户使用手册等资料,随即便进入应用和维护阶段。如果是网络出版发行,要把软件拷贝到网络服务器硬盘中,同时还需要让网站的预期用户知道网站的存在和位置,以便他们能浏览和使用。如果是光盘出版发行,则还要进行母盘刻录和印刷、广告设计和宣传、征订目录等工作,最后才由市场发行。

在维护过程中,产品随着新技术成长、进化,不断适应新用户的需求,同时也可以纠正开发过程中漏过的软硬件错误。针对不同的产品,可以采用两种策略进行产品维护:一是产品的完全更新;二是只更新产品软件或数据中错误、缺陷的部分。

3.4.3 数字媒体制作机构

一般来说,一个数字媒体制作中心或专业创作公司,可以分成管理和生产两个部门。管理部门负责制作过程的诸多管理工作,创作部门即为数字媒体的生产部门。

1. 项目管理部门

数字媒体制作的管理部门要求其管理人员不仅具有组织管理能力、科学管理的方法技巧,与同事有效、和谐地沟通与协调的能力,而且要求具有一定的数字媒体制作的基本知识。管理部门及其成员的主要职责包括:

①决策领导,主管整个制作过程,筹划制作资金来源。

②团结全体创作人员,实现从脚本到最终产品的再创作;制定制作流程、规划时间并控制预算;作为项目制作主管,具体安排人事与任务,详细了解各制作环节的进度,直至圆满完成数字媒体项目系统的制作。

③规划整个制作过程,掌握制作的日、周与月进度;协调并保证每一位成员按时完成自己负责的工作;负责对外公关联络、资料查询等工作。

2. 项目创作部门

数字媒体项目涉及多种媒体的处理以及程序设计等多方面的内容,技术含量高,大的项目绝不是个别开发者和编辑就能完成的,因此数字媒体项目一般是集体合作的智慧结晶。

一个完整的数字媒体项目的创作机构的组织结构如图 3 - 8 所示。由于数字媒体的制作是设计艺术与数字技术的创造性结合，因此要求开发人员不仅要具有数字媒体制作的专业技术，而且要有丰富的想象力和创造力，能够把创意和结构化能力体现在工作中，以完美表达选题的内容，达到最佳的传播效果。

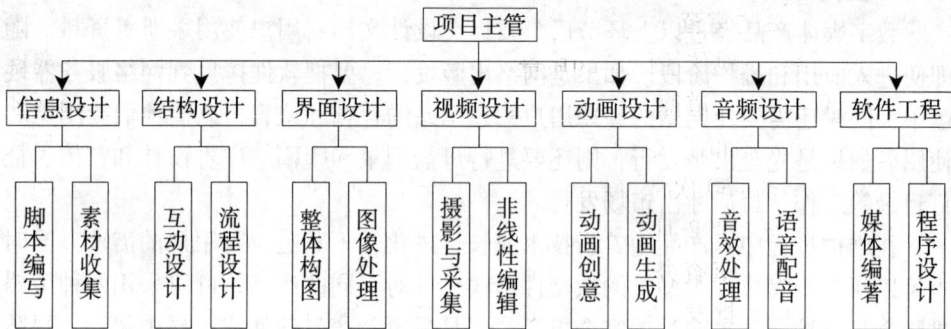

图3-8　数字媒体创作机构的组织结构

在上图中，项目主管相当于影视编导，也可称为导演。项目主管或导演必须具备相当的创意和技术能力，能掌握每一项视听媒体及其在整体中的效果，协调保持各种媒体之间的一致性，以及实现最终软件链接效果。项目的创作部门在开发过程中的各个环节进行分工与合作，并都处于项目主管的管理之下。

在实际工作中，项目开发组常常根据内容和制作单位的规模等具体情况增删内容。例如，当没有视频内容时，为便于工作可省略视频制作部门。而在制作一个中、小型软件时，许多角色是混合于一体的，导演可一个人完成脚本编创、屏幕设计、最后编程等工作。往往一个人可同时兼任数项工作，甚至三五个人的制作小组可完成大、中型软件。其关键在于组织管理、人员的配合以及人员的素质与制作经验等。不同背景的创作者走到一起，协同工作，共同的目标是要通过计算机设计、创作和开发一个数字媒体软件，这一目标将各部门的独立的工作成果协调地组合在一起。因此，在协同工作环境中，创作组成员不仅要发挥本部门的专业作用，还应与其他部门协调一致。此外，在项目的制作过程中，仅有数字媒体软硬件技术基础还不够，创意才是优秀设计的灵魂。数字媒体设计与制作需要一个开放性的、有组织的、能够协同工作的环境，并且创作组的成员应具有想象力、创造力和对媒体的理解力，具备一定的传播技巧、创意技巧和应用数字媒体技术的能力，这样才能创作出优秀的数字媒体作品。

3.4.4　数字媒体项目测试

项目测试是在媒体软件投入使用以前，对项目的需求分析、设计规格和最终的产品进行的检查和测试，以保证软件的质量和信息传达的准确。在传统的媒体设计开发过程中，对项目的审查是项目提交使用的最后步骤。审查的内容包括信息的审查和编排格式的审查。由于数字媒体项目通过软件的方式来传播信息，对项目的审查和测试也就包括信息内容的审查和软件测试。

1. 媒体内容的审查

审查的目的是对传播信息的质量把关，传媒的总目标是传播有益于经济发展和社会进步的思想、道德、科学技术和文化知识。原广播电影电视部和文化部在1996 年 2 月 1 日颁布了《音像制品内容审查办法》。2001 年 12 月 12 日，中华人民共和国国务院第 50 次常务会议通过了《音像制品管理条例》，并颁布国务院第341 号令，自 2002 年 2 月 1 日起施行该管理条例。

音像制品内容审查办法和管理条例适用于在我国出版、制作、广播电视播放、复制、进口、批发、零售、出租等活动的音像制品。音像制品包括录有内容的录音带、录像带、唱片、激光唱盘和激光视盘等。由原广播电影电视部和文化部共同组成的音像制品内容审查机构主管全国音像制品的内容审核工作。条例规定音像制品应当遵守我国的宪法和有关法律、法规，坚持为人民服务和为社会主义服务的方向，传播有益于经济发展和社会进步的思想、道德、科学技术和文化知识；禁止载有反对宪法确定的基本原则，危害国家利益，破坏民族团结，宣扬邪教，破坏社会稳定，宣扬淫秽、赌博、暴力，侵害他人合法利益，危害社会公德或民族优秀文化传统等方面的信息。这个法令是我国媒体传播的一个总的指导方针。由于目前网络媒体上的法律法规还不健全，在项目策划时应该考虑该媒体审查的基本内容，不能偏离精神文明建设的主线。

媒体内容的审查还包括文字拼写、语法规范等，与传统规范的出版业相比，网上的文字审查还处于非常原始的阶段，因此更需要在项目管理和开发过程上把好关。

2. 软件测试

从软件的角度分析，数字媒体软件主要包含媒体数据和程序代码两部分，特别是互动性能强、具有数据库支持的软件，程序占的比例更大。没有严格的测试，就不能保证程序部分的正常运转，也就不能正常地传达媒体信息。

测试的概念是从软件工程中引入的。在软件设计工程中，为了保证软件的质量和可靠性，要在分析、设计等各个开发阶段结束前，对软件进行严格的技术评审。但是，由于设计能力和判断能力的局限性，审查还不能发现所有的错误。这些没被发现的错误如果遗留到软件交付使用之时才暴露出来，不仅会为了改正这些错误而付出更高的代价，而且往往会造成更恶劣的后果。软件程序测试就是为了在软件投入使用前发现错误而执行的程序。

（1）软件设计的原则。

①要尽早地、不断地进行测试。

②测试案例要设计合理。

③要配备专门的测试人员。

④测试过程要严谨。

（2）测试策略。

①模块化测试策略。

根据测试一般软件从小到大、从上到下的模块化设计思路来进行测试，主要包括单元测试、组装测试、确认测试和系统测试四个环节。

②效果测试策略。

效果测试就是从信息传达的角度对软件进行测试，它针对设计开发的过程逐级测试，主要包括内容测试、结构测试、互动性测试、界面测试和用户测试等方面。

3.4.5　数字媒体项目维护

从软件生存期模型来看，软件的维护也是软件项目成功的重要环节。特别是网络媒体，网络的实时性要求网站内容及时更新，这就意味着当初始的开发工作结束后，还需要投入时间和资源来不断维护该网站的运行。网站内容和设计的更新将保证受众的回访率并建立起网站的可信度。

正确的分析统计和软件的使用报告将提供一些基本的维护数据，由此可以对受众和市场的变化做出调整。同时，不断地跟踪和调查互联网市场、竞争对手和自己的情况，了解最新的技术变化，据此对软件进行维护，无疑都将有助于网站的发展。

1. 软件维护的概念

软件的维护就是在软件运行/维护阶段对软件进行的修改活动。需要维护的原因多种多样，归纳起来主要有以下三类。

（1）改正性维护。

在软件交付使用后，由于开发和测试的不完全，必然有一些隐藏的错误在某些特定的使用环境下暴露出来。改正性维护就是识别、诊断、纠正这些错误的过程。

（2）适应性维护。

随着计算机技术的飞速发展，软件运行的外部环境或数据环境可能发生变化，例如由于服务器的更新和升级，或者服务器的 IP 地址发生变化等，都有可能导致软件系统的存放目录发生变化，或者链接关系发生变化。软件的适应性维护就是为了使软件适应这些变化而进行的修改过程。

（3）完善性维护。

在软件的使用过程中，受众往往会对软件提出新的功能和性能要求，为了满足受众的这些要求，需要修改或再开发软件，以扩充软件功能、增强软件性能、改进传达效果。这种情况下的维护称为完善性维护。在软件维护的初级阶段，改正性维护的比重较大。随着软件错误率的降低，软件趋于稳定，进入正常使用阶段。此时，由于改进的要求，适应性维护和完善性维护的比重开始加大，同时在这种改造中又会引入新的错误，使软件的维护进入一个新的物质循环。

2. 软件的可维护性

软件的程序越复杂，维护就越困难。许多软件的维护十分困难，就在于这些软件的文档和源程序难以理解，又难以修改。因此，软件开发时必须考虑软件的可维护性。

软件的可维护性是指纠正软件系统出现的错误和缺陷，以及为满足新的要求进行修改、更新、扩充或压缩原有程序。一个可维护的软件应该是可理解的、可靠的、可测试的、可修改的、可移植的、可使用的和高效率的。

【思考题】

1. 说明数字媒体产品开发过程中市场分析和受众分析的意义。

2. 数字媒体产品制作过程中的创意选题原则和策划原则主要有哪些？

3. 数字媒体产品开发过程包括哪些主要步骤？各步骤主要完成哪些任务？相互之间的关系如何？

【实践题】

组织学生到数字媒体产品开发单位参观，以分组的形式，分别了解一个数字媒体产品的市场分析、受众分析、策划稿本、制作步骤的全过程。参观后，要求每位学生写一份参观报告。

INTRODUCTION TO DIGITAL MEDIA

Digital
Graphics
Media

第 4 章

数字图像媒体

本章主要介绍数字图像媒体的基础知识与处理技术，包括图像获取、表示、处理与应用等方面的内容，以及常用图像文件格式和处理软件的使用。

【本章学习要点】

图像是人们最熟悉的事物。自然界中多姿多彩的景物和生物通过人们的视觉观察，在大脑中留下印记，这就是图像。随着计算机技术的发展，把图像数字化，进而使用计算机对图像进行处理，已经成为现实。数字化图像可以非常方便地利用计算机进行各种处理，如图像增强、放大、缩小、剪辑拼接、强化轮廓等。

在数字媒体作品中，数字图像信息的内容由内容专家和脚本决定，与作品的目的密切相关。在不同的场合，为了达到不同的目的，数字图像的表现形式也不同，主要用于背景、各种图标、文本视觉的补充插图、交互式游戏画面、人物与场景介绍、广告与艺术等。

本章主要介绍数字图像媒体的基础知识与处理技术，包括图像获取、表示、处理与应用等方面的内容，以及常用图像文件格式和处理软件的使用。要求通过本章的学习，掌握数字图像媒体的基本概念、方法、技术与应用等知识，了解图像数字化的基本流程。

【本章内容结构】

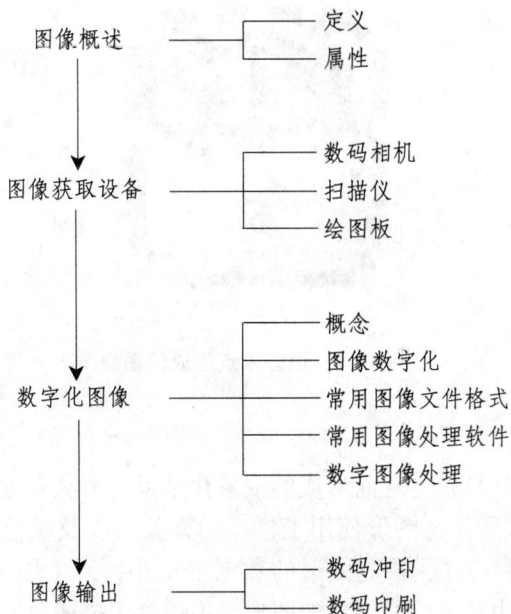

图像概述 ——— 定义
　　　　　　　 属性

图像获取设备 ——— 数码相机
　　　　　　　　　 扫描仪
　　　　　　　　　 绘图板

数字化图像 ——— 概念
　　　　　　　　 图像数字化
　　　　　　　　 常用图像文件格式
　　　　　　　　 常用图像处理软件
　　　　　　　　 数字图像处理

图像输出 ——— 数码冲印
　　　　　　　 数码印刷

4.1 图像概述

图像是人们最熟悉的事物。自然界中多姿多彩的景物通过人们的视觉观察，在大脑中留下了印记，这就是图像。随着计算机技术的发展，把图像数字化，进而使用计算机对图像进行处理，已经成为现实。

4.1.1 图像定义

图像是指绘制、摄制或印刷的形象。图像处理是将已有的图像改变成一幅新的、更好的图像。表示"图"的手段有两种：

（1）图像。

图像由像素点组成，像素点是组成图像最基本的元素，如图4-1所示。每个像素点用若干个二进制进行描述，并与显示像素对应，这就是"位映射"关系，因此图像又称"位图"。图像通常用于表现自然景物、人物、动物、植物和一切引起人类视觉感受的事物。

图4-1　由像素点组成的图像

（2）图形。

图形是指经过计算机运算而形成的抽象化结果，由具有方向和长度的矢量线段构成，如图4-2所示。图形使用坐标、运算关系以及颜色数据进行描述，因此通常把图形称为"矢量图"。图形的数据量很小，通常用于表现直线、曲线、复杂运算曲线以及由各种线段围成的图形，不适合于描述色彩丰富、复杂的自然景象。

图 4 - 2　矢量图形

4.1.2　图像属性

在计算机中存储的每一幅图像，除了包括像素数据以外，还包括描述图像信息的属性，这些属性对图像的质量有着重要的影响。

1. 分辨率

在图像显示中，分辨率的概念可以分为显示分辨率和图像分辨率。

（1）显示分辨率。

显示分辨率是指屏幕上能够显示出的像素的数目，用来确定屏幕上显示图像区域的大小，即构成全屏显示的像素点的个数，以每行拥有的像素点乘以屏幕显示行数来表示，如 800×600。

（2）图像分辨率。

图像分辨率是指组成一幅图像的像素密度的度量方法，用来确立组成一幅图像的像素数目，图像分辨用每英寸多少点表示。对同样大小的一幅原图，如果图像分辨率越高，则组成该图的像素点数目就越多，看起来就越逼真。

图像分辨率与显示分辨率是两个不同的概念。图像分辨率是确定组成一幅图像的像素数目，而显示分辨率是确定显示图像的区域大小。如果显示屏的分辨率为 640×480 像素，那么一幅 320×240 像素的图像只占显示屏的 1/4；相反，$2\,400 \times 3\,000$ 像素的图像在这个显示屏上就不能显示一个完整的画面。

2. 图像深度

分辨率分析的是组成一幅图像需要多少个像素点，是图像的幅面问题。而图像深度是描述图像中每个像素的数据所占的二进制位数，它决定了彩色图像中可以出现的最多颜色数，或者灰度图像中的最大灰度等级数。

3. 颜色类型

图像的颜色需要使用三维空间来表示，颜色空间表示法不是唯一的，每个像素点的图像深度的分配与图像所使用的颜色空间有关。以最常用的 RGB 颜色空间为例，图像深度与颜色的映射关系主要包括真彩色、伪彩色和调配色。

（1）真彩色。

在组成一幅彩色图像的每个像素值中，有 R、G、B 三个基色分量，每个基色分量直接决定显示设备的基色强度，这样产生的色彩称为真彩色。

（2）伪彩色。

每个像素的颜色空间不是由每个基色分量的数值直接决定，而是把像素值当作彩色查找表的表项入口地址，去查找一个显示图像。查找时使用的 R、G、B 强度值产生的色彩便是伪彩色。

（3）调配色。

调配色是通过每个像素点的 R、G、B 分量分别作为单独的索引值进行交换时，经相应的颜色变换表找出各自的基色强度，用变换后的 R、G、B 强度值产生的色彩。

4. 显示深度

图像深度是表示图像文件中记录一个像素点所需的位数，而显示深度则表示显示缓存中记录屏幕上一个点的位数，即显示器可以显示的颜色数。因此，显示一幅图像时，屏幕上呈现的颜色效果与图像文件所提供的颜色信息有关，即与图像深度有关；同时也与显示器当前可容纳的颜色容量有关，即与显示深度有关。

（1）显示深度大于图像深度。

在这种情况下，屏幕上的颜色能够比较真实地反映图像文件的颜色效果。比如，当显示深度为 24 位，图像深度为 8 位时，屏幕上可以显示按该图像的调色选取的 256 种颜色；图像深度为 4 位时，屏幕上可以显示 16 种颜色。这种情况下，显示的颜色完全取决于图像的颜色定义。

（2）显示深度等于图像深度。

在这种情况下，如果用真彩色显示模式来显示真彩色图像，或者显示调色板与图像调色板一致时，屏幕上的颜色能较真实地反映图像文件的色彩效果。反之，如果显示调色板与图像调色板不一致，则显示颜色会出现失真。

（3）显示深度小于图像深度。

在这种情况下，显示的颜色会出现失真，例如，当显示深度为 8 位而需要显示一幅真彩色的图像时，就达不到应有的颜色效果。

根据以上的分析，可以理解为什么有时用真彩色记录图像，但在显示器上显示的颜色却不是原图像的颜色。因此，在数字媒体应用中，图像深度的选取要从应用环境出发综合考虑。

4.2　图像获取设备

　　凡是使用视觉效果的数字媒体，其应用场合都离不开图像，因此，有效地获取图像已成为信息生活中不可或缺的基本技能。数字图像可以从现实世界中捕获，也可以由计算机生成。从现实世界中捕获的方法有多种，可以通过数码相机、数码摄像机从现实世界直接捕获；可以通过扫描仪从已有照片、图片中采集；可以从光盘图像素材库或从网上下载得到；当然也可以截取正在运行的计算机程序画面。总之，图像素材的获取是多手段的。数字化的图像通常以位图的形式或位图的压缩格式存放。

4.2.1　数码相机

　　数码相机如图 4 - 3 所示，也叫数字式相机（Digital Camera，DC），是集光学、机械和电子一体化的产品，能够提供高清晰度的数字图像，其使用已经相当普遍。数码相机集成了影像信息的转换、存储和传输等部件，具有数字化存取模式、可与计算机交互处理和实时拍摄等特点。数码相机和传统相机在光学原理上没有什么区别，都是将被摄物体发射或反射的光线通过镜头在焦平面上形成物像，但在具体成像中则因光敏介质的不同而有所区别，传统相机使用的是分布于胶片上基于碘化银的感光化学介质，而数码相机则是采用了 CCD 作为记录图像的光敏介质。CCD 是通过光照的不同引起电荷分布的不同来记录被摄物体的视觉特征的，所以数码相机拍摄的图像可以直接输入到计算机中，无须购买胶卷，并且拍摄时可以随时看到拍摄效果，不满意可以立即重拍，从而比传统相机多出节约成本、数字化方便、减少误拍等优势。

图 4 - 3　数码相机

数码相机的工作部件是由镜头、CCD、A－D 转换器、MPU、内置存储器、LCD 和输出接口等组成，通常它们都安装在数码相机的内部。

1. 镜头

数码相机的镜头分为定焦镜头、变焦镜头、针对数码单反相机的特点而设计或改进的数码镜头和为特殊专业领域而设计的特殊镜头。

（1）定焦镜头。

定焦镜头是指焦距固定不变的镜头，包括标准镜头、广角镜头、远摄镜头、鱼眼镜头、折反镜头。

①标准镜头（简称"标头"）。

标准镜头指焦距长度接近或等于底片/传感器对角线长度的镜头。在取景范围、透视关系等方面，"标头"都与人眼观看的效果类同，显得特别亲切、自然。此外，"标头"的技术已经基本趋于完善，显著的特点是孔径大、成像质量出众、价格低廉，是每个单反用户的必备镜头之一。

②广角镜头。

广角镜头指焦距短于标准镜头、视角大于标准镜头的镜头。广角镜头的特点是：景深大，有利于获得被摄画面全部清晰的效果，广泛地用于风光片的拍摄；视角大，在有限的范围内可以获得较大的取景范围，在室内建筑的拍摄中尤为见长，广泛地用于房地产行业的拍摄；透视感强烈，可以营造具有强烈视觉冲击感的画面；畸变较大，尤其是在画面的边缘部分。

③远摄镜头。

远摄镜头指焦距长于标准镜头、视角小于标准镜头的镜头。远摄镜头的特点是：景深小，容易获得主体清晰、背景虚化的画面效果；视角小，能够获得远处主体较大的画面且不干扰被摄对象，广泛地用于户外野生动物的拍摄；压缩了画面透视的纵深感，拉近了前后景的距离；影像畸变较小，广泛地用于人像摄影。

④鱼眼镜头。

鱼眼镜头是一种极端的超广角镜头。鱼眼镜头的特点是：视角大，被摄范围极广；透视感获得极大的夸张；存在严重的畸变，但可以获得戏剧性的效果；价格昂贵，原为天文摄影而设计；第一片镜片向外凸出，不能使用通常的滤镜，采用"内置式滤镜"取而代之。

⑤折反镜头（反射式镜头）。

折反镜头是一种超远摄镜头，看起来短而胖，重量也要轻很多，比较适合手持拍摄。镜头结构简单，画质优良。缺点是只有一档光圈，对景深控制不便，相机取景的时候取景屏发暗，对聚焦不便。目前市面上流行的折反镜头大多由俄罗斯制造，价格低廉，常见的焦距为 500 mm 和 1 000 mm，是囊中羞涩又爱好远摄的用户一个不错的选择。

（2）变焦镜头。

变焦镜头是指焦距在一定范围内可自由调节的镜头。根据对焦方式的不同，可以把变焦镜头分为手动变焦镜头和自动变焦镜头。

一般来说，变焦范围在 20～40 mm 的称为广角变焦镜头；35～70 mm 的称为标准变焦镜头；70～200 mm 的称为中远变焦镜头；200～500 mm 的称为远摄变焦镜头。当然，也有不少镜头囊括了广角至中焦，甚至远摄的范围，如 28～200 mm，28～300 mm 等。

从变焦倍率来看，变焦镜头有 2 倍（如 35～70 mm）、3 倍（如 70～210 mm）、5 倍（如 28～135 mm）、7 倍（如 28～200 mm）、10 倍（如 50～500 mm）等。总体来说，变焦范围较大时，体积相应较大，画质相对较低，光圈相对稍小。

根据操作的不同，变焦镜头的变焦方式分为推拉式变焦和旋转式变焦两种。推拉式变焦的优点在于使用方便，可以快速从最远端变焦到最近端；缺点在于俯仰拍摄的时候镜头容易滑动。旋转式变焦的优点在于对焦环和变焦环各自独立，转动操作互不干涉；但操作不如推拉简便，尤其是采用"变焦拍摄爆炸效果"时，不如推拉变焦容易实现。

（3）数码镜头。

数码镜头是指针对数码单反相机的特点而设计或改进的镜头。数码镜头包括数码专用镜头和数码优化镜头。

①数码专用镜头。

数码专用镜头是指根据数码单反相机 APS 尺寸的数字传感器而设计的镜头。这类镜头通常只可以使用在相应型号的数码单反相机之上，若使用在全幅135 相机之上则不能正常成像。常见的数码专用镜头包括佳能 EF－S 镜头、尼康 DX 镜头、奥林巴斯 DIGITAL 镜头、腾龙 DI Ⅱ镜头、图丽 DX 镜头、适马 DC 镜头、美能达 DT 镜头和宾德 DA 镜头。

②数码优化镜头。

数码优化镜头是指根据数码传感器的特点，在原有 135 全幅镜头的基础上进行了数码优化改进设计的镜头。通常这类镜头既可使用在数码单反相机之上，也可以使用在传统 135 全幅相机之上。目前的数码优化镜头主要来自日本的适马和腾龙，即适马的 DG 镜头和腾龙的 DI 镜头。

（4）特殊镜头。

特殊镜头是为特殊用途而设计的镜头，通常用于专业领域。它包括微距镜头、透视调整镜头、柔焦镜头和附加镜头。

①微距镜头。

微距镜头是一种可以非常接近被摄物体进行聚焦的镜头，微距镜头在胶片或传感器上所形成的影像大小与被摄物体自身的大小差不多相等。1∶1标记的微距镜头表示胶片上影像与被摄物体尺寸一样，1∶2标记表示胶片上影像是被摄物体的一半，2∶1标记表示是被摄物体的2倍。微距镜头的价格通常比较昂贵，画质优秀，特别适合于拍摄昆虫、花卉、邮票、手表零件等题材。

②透视调整镜头。

透视调整镜头是具有校正透视变形功能的镜头。这种镜头的光学系统的主光轴可进行横向或纵向的移动调节，调节时机身与胶片或传感器平面的位置不发生移动。透视调整镜头主要用于建筑摄影。

③柔焦镜头。

柔焦镜头又称"软焦点镜头"、"柔光镜头"，是一种能使影像产生轻度虚化的镜头，主要用于人像与风景摄影。

④附加镜头。

附加镜头包括增距镜和广角附加镜。增距镜是最常用的一种附加镜头，使用时把它装在相机与镜头之间，能使主镜头的焦距增加一定的倍率。广角附加镜是安装在主镜头前面使用的，购买的时候要注意主镜头的螺纹孔径，它的主要作用是减小主镜头的焦距。使用广角附加镜头后，不必进行曝光补偿，光圈值不变，但建议使用小光圈拍摄，以便尽可能提高画质。

2. CCD

数码相机使用CCD代替传统相机的胶卷，CCD实际上是一块布满光敏元件即电荷耦合器的感光板。数码相机用快门来激活电荷耦合器件传感器，它们把光信号转换成电信号，将光照的强度转换成相应的数值，然后电信号被转换成数字信号并进行处理，最后把得到的数字图像保存在存储器中。

CCD的分辨率被作为评价数码相机档次的重要依据。一般来说，数码相机的最高分辨率由生产厂商决定，使用者只能在最高值范围内进行有限级别的调整。

3. A – D 转换器

A – D转换器又叫做ADC（Analog Digital Converter），即模拟数字转换器，它是将模拟电信号转换为数字电信号的器件。A – D转换器的主要指标是转换速度和量化精度。转换速度是指将模拟信号转换为数字信号所用的时间，由于高分辨率的像素数量庞大，因此对转换速度要求很高。量化精度是指可以将模拟信号分成多少个等级，常见的有8位、10位、12位和24位等。

4. MPU

数码相机通过MPU（Microprocessor Unit）实现对各个操作的统一协调和控

制。MPU 是实现测光、运算、曝光、闪光控制、拍摄逻辑控制以及图像的压缩处理等操作必须要有的一套完整的控制体系。MPU 决定数码相机是否拥有更短的开机时间、更短的快门时滞、更快的影像处理时间和对焦速度，它通过对 CCD 感光强弱程度的分析调节光圈和快门，又通过机械或电子控制调节曝光。现今 MPU 正向着更节能、处理更快捷的方向发展。

5. 内置存储器

数码相机中存储器的作用是保存数字图像数据，这如同胶卷记录光信号一样，不同的是存储器中的图像数据可以反复记录和删除，而胶卷只能记录一次。存储器可以分为内置存储器和可移动存储器。

（1）内置存储器。

内置存储器为半导体存储器，安装在相机内部，用于临时存储图像，当向计算机传送图像时须通过串行接口连接。它的缺点是装满之后要及时向计算机转移图像文件，否则就无法再往里面存入图像数据。

（2）可移动存储器。

可移动存储器使用方便，拍摄完毕后可以取出更换，既降低了数码相机的制造成本，又增加了应用的灵活性，提高连续拍摄的性能。存储器保存图像的多少取决于存储器的容量以及图像质量和图像文件的大小。图像的质量越高，图像文件就越大，需要的存储空间就越多。这些可移动存储器包括 SD 卡、XD 卡、CF 卡、Memory Stick、MMC 卡。

①SD 卡。即 Secure Digital Card 安全数码卡，也是一种新秀产品，具有大容量、高性能的优点。SD 卡最大的特点就是通过加密功能，可以保证数据资料的安全保密，也属于多功能存储卡，可用于 MP3、数码摄像机、电子图书、微型电脑、AV 器材等，读写速度比 MMC 卡要快 4 倍，达 2 MB/s。同时与 MMC 卡兼容，而且 SD 卡的插口大多支持 MMC 卡。

②XD 卡。即 Extreme Digital Card 极速卡，也引起了大家的兴趣。它由奥林巴斯、富士和东芝公司联合开发与持有。奥林巴斯和富士看到 SM 卡已经跟不上潮流和技术了，才联手推出了更为纤巧的、技术更先进的 XD 卡。顾名思义，存储速度快是它最大的优点，但价格比 SD 卡高出许多。

③CF 卡。即 Compact Flash Card，分为 I 和 II 两种。虽然其容量在诸多存储卡中属于较大的一种，但其信息安全性和存储速度较之前的 SD 卡和 XD 卡没有优势可言。

④Memory Stick。它是 Sony 特有的记忆棒，目前广泛用于 Sony 的数码相机 Cyber Shot、手机、笔记本、摄像机、Sony PDA 等设备当中。其兼容性自然比不上前三种存储卡，可价格却没有因此而降低，还是居高不下。

097

⑤MMC 卡。初期的 MMC 卡即便能够与 SD 卡进行互换，但其比 SD 卡还高昂的价格和慢吞吞的速度，并没有得到用户的普遍认可。最近三星公司开发的一种新型小巧的 MMC 卡备受关注，相信 MMC 卡以后会有更大的市场。

6. LCD

LCD（Liquid Crystal Display）为液晶显示屏，数码相机使用的 LCD 与笔记本电脑的液晶显示屏工作原理相同，只是尺寸较小。从种类上讲，LCD 大致可以分为两类，即 DSTN－LCD（双扫描扭曲向列液晶显示器）和 TFT－LCD（薄膜晶体管液晶显示器）。与 DSTN 相比，TFT 的特点是亮度高，从各个角度观看都可以得到清晰的画面，因此数码相机中大都采用 TFT－LCD。LCD 的作用有三个：取景、显示图像、显示功能菜单。尺寸大的 LCD 比像素相同但尺寸小的 LCD 显示更加清晰，但 LCD 尺寸增加，DC 耗电量也随之增加，所以 LCD 并非越大越好。

7. 输出接口

数码相机的输出接口主要有计算机通信接口、连接电视机的视频接口和连接打印机的接口。

（1）计算机通信接口。

常用的计算机通信接口有串行接口、并行接口、USB 接口和 SCSI 接口。若使用红外线接口，则要为计算机安装相应的红外接收器及驱动程序。

（2）连接电视机的视频接口。

连接电视机的视频接口通过相机的 Video Out 连接到电视机的"视频输入"插口，将相机调到"查看"模式，便可在电视机上欣赏所拍摄的图片。视频输出是通过 AV 线和电视连接的，在购买数码相机的时候，一般会配有 AV 线。AV 线的两头应该有两个端口，一个是红色的音频输出/输入，另一个是白色的视频输出/出入。如果数码相机没有录音功能，音频的输出线会被免掉。

（3）连接打印机的接口。

DPOF（Digital Print Order Format，数码打印命令格式）是一个数码照片的输出标准，它由 DPOF 组织发起制定并实施，目前得到广泛支持的版本是 1.1。它定义一组命令序列，使数码输出系统轻松实现可定制的照片输出功能。DPOF 信息记载在数码相机的存储器件中，可以供输出服务系统及应用程序调用。通过此命令序列，数码相机用户直接利用相机选择打印输出方式，无须再经过计算机系统。

4.2.2　扫描仪

扫描仪是一种高精度的光电一体化的高科技产品，它是将各种形式的图像信息输入计算机的重要工具，是能够将现实世界中存储在纸介质或类似介质上的画面、文字捕获为数字图像的一种计算机外部输入设备。

1. **扫描仪的种类**

目前市场上流行的扫描仪有手持式扫描仪、平台式扫描仪和滚筒式扫描仪。

（1）手持式扫描仪。

手持式扫描仪如图 4 – 4 所示，是 1987 年推出的产品，外形很像超市收款员拿在手上使用的条码扫描仪。手持式扫描仪绝大多数采用接触式感光技术，光学分辨率为 200dpi，有黑白、灰度、彩色等多种类型，也有个别高档产品采用电荷耦合器件作为感光器件，扫描效果较好。

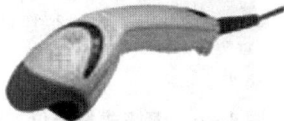

图 4 – 4　手持式扫描仪

（2）平台式扫描仪。

平台式扫描仪如图 4 – 5 所示，也称平板式扫描仪、台式扫描仪。这类扫描仪光学分辨率在 300 ~ 8 000 dpi，色彩位数在 24 ~ 48，扫描幅面一般为 A4 或 A3。

图 4 – 5　平台式扫描仪

平台式扫描仪工作时，将有画面的纸介质或类似介质放在扫描仪平面上，合上盖板，工作时可以看到一条光线刷过平面，这就是逐行扫描过程。扫描行上的感光器件就是线性 CCD 器件。

（3）滚筒式扫描仪。

滚筒式扫描仪如图4-6所示，也称笔记本扫描仪，是手持式扫描仪和平台式扫描仪的中间产品。滚筒式扫描仪采用接触式感光技术，光学分辨率为300 dpi，有彩色和灰度两种，彩色型号一般为24位彩色。

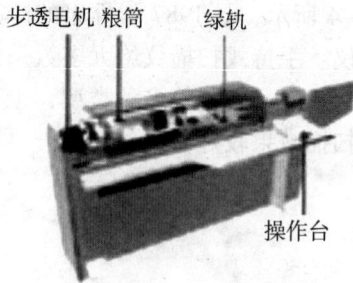

图4-6　滚筒式扫描仪

2. 扫描仪的光电器件

扫描仪内部有光源、光学透镜、感光元件以及模数转换电路。感光元件是扫描图像的拾取设备，目前多数扫描仪使用的感光元件有3种：光电倍增管、光电耦合器（CCD）、接触式感光元件。作为感光元件的CCD像素排列成横行。在扫描一幅图像的一行时，光源照射到图像后反射回来，穿过透镜到达感光元件，一个扫描行上的每个CCD像素，将其光信号的强弱转换成模拟的电量，然后进行模/数转换。量化后，以数字信号进行保存，一行像素的值就构成了一个扫描行的图像数据。所有扫描行的图像数据按顺序排列起来就是一幅图像的数据。

3. 扫描仪的分辨率

扫描仪的分辨率分为光学分辨率和最大分辨率。

（1）光学分辨率。

光学分辨率是扫描仪的光学部件在每平方英寸面积内所能捕捉到的实际光点数，用dpi来表示。它的数值是由光电元件所能捕捉的像素点除以扫描仪水平最大可扫描尺寸得到的数值。扫描仪物理器件所具有的真实分辨率，直接决定了扫描仪扫描图像的清晰程度，是扫描仪最重要的性能指标之一。

（2）最大分辨率。

最大分辨率相当于插值分辨率，它通过在相邻像素间求出颜色或灰度的平均值，从而通过计算机对图像进行分析，对空白进行数学计算填充，以增加像素数的办法而提高分辨率。最大分辨率并不代表扫描仪的真实分辨率，可以增加图像的像素值，但不能增添更多的图像细节。

4. 扫描仪的接口方式

扫描仪接口方式是指扫描仪与计算机的连接类型。接口技术是扫描仪除成像技术之外最重要的技术之一，直接关系到扫描仪作为输入设备的工作效率。

（1）小型计算机标准接口（SCSI）。

此接口最大的连接设备数为 8 个，通常最大的传输速率是 40 Mbps，速度较快，一般连接高速设备。SCSI 设备的安装较复杂，在 PC 机上一般要另加 SCSI 卡，虽然容易产生硬件冲突，但是功能强大。

（2）增强型并行接口（EPP）。

一种增强型的双向并行传输接口，最高传输速率为 1.5 Mbps。优点是不需要在 PC 中用其他的卡，对连接数目无限制，设备的安装及使用容易；缺点是速度比 SCSI 慢。此接口因安装和使用简单方便而在中、低端对性能要求不高的场合取代 SCSI 接口。

（3）通用串行总接口（USB）。

最多可连接 127 台外设，具有即插即用功能。现在的 USB1.1 标准最高传输速率为 12 Mbps，并且有一个辅通道用来传输低速数据。USB2.0 标准的扫描仪速率可扩展到 480 Mbps。

4.2.3 绘图板

绘图板如图 4-7 所示，又叫数位板，是一种专门针对计算机绘图而设计的输入设备，通常由一块板子和一支笔组成，主要面向美工、设计师或者绘图工作者、美术爱好者等用户。

图 4-7 绘图板

1. 绘图板的功能

绘图板具备压力感测功能，配合相关软件可以根据使用者下笔的轻重作出适当的反应，如笔画的粗细、颜色的浓淡，就像使用真的画笔一样，画出来的线条很活泼。除了模拟传统的各种画笔效果外，它还可以利用计算机的优势，实现传统工具无法实现的效果。

2. 绘图板的主要性能指标

绘图板的主要性能指标包括压感级数、有效尺寸、解析度、最高读取速度和接口类型等。

（1）压感级数。

压感级数是衡量绘图板的重要技术指标之一。压感级数越大的绘图板越能表现出细腻的质感，因而也能创造出更加丰富的视觉效果。电磁式感应板分为"有压感"和"无压感"两种，其中有压感的绘图板可以感应到手写笔在手写板上的力度，从而产生粗细不同的笔画。

（2）有效尺寸。

有效尺寸是绘图板中一个很直观的指标，表示了绘图板有效的手写区域。绘图板的有效输入面积越大，绘画的空间越多、动作越自然；另外，画细节时，单面积上能够用来控制一个区域的识别点越多，笔触也就体现得越细腻。

（3）解析度。

解析度是指在板的单位长度上分布的感应点数，单位为 lpi，也称最大分辨率。解析度越高，对手写的反映越灵敏，对绘图板的要求也越高。

（4）最高读取速度。

最高读取速度是绘图板每秒钟所能读取的最大感应点数量，单位为 pps，也称点/秒。最高读取速度越高，绘图板反应速度越快，因此输入速度就越快。

（5）接口类型。

接口类型是指绘图板与计算机主机之间的连接方式和类型。早期的老式绘图板一般采用串行接口（COM）与计算机连接，速度较慢，也不支持热插拔。近几年的产品基本上采用 USB 的连接方式，可以迅速安装在 PC 机上，即插即用，使用非常方便。

4.3　数字化图像

在现实空间，图像的亮度和颜色等信号都是基于二维空间的连续函数，计算机无法接收和处理这种空间分布和亮度取值均连续分布的图像。图像信号的数字化，就是按一定的空间间隔从左到右、自上而下提取画面信息，并按一定的精度进行量化的过程。

4.3.1　数字化图像概念

图像数字化是计算机图像处理中最基本的步骤，其意义在于可使真实的图像转变成计算机所能接受的格式，也就是一连串特定的数字。

尽管从表面上看，用像素矩阵形式表示的屏幕图像就是一种数字化图像，分辨率相当于采样频率，像素属性等级相当于量化精度，但实际上，这只是数字化的图像经数模变换后在屏幕上的输出结果。图像信号的数字化过程为通过光电转换将反映图像特性的光信号转化为电信号，再经模数变换得到可被计算机接收的数字量。

数字化图像信息送计算机后暂存于缓存，由专用图像处理软件以位图文件或其他指定的格式存盘。

4.3.2　图像数字化

图像数字化过程分为采样、量化和编码三个步骤。

（1）采样。

对连续图像彩色函数 $f(x,y)$ 沿 x 方向以等间隔采样，采样点数为 N，沿 y 方向以等间隔采样，采样点数为 M，于是得到一个 $M \times N$ 的离散样本阵列。为了达到由离散样本阵列以最小失真重建原图的目的，采样密度应该满足采样定理。

采样定理阐述了采样间隔与 $f(x,y)$ 频带之间的依存关系。频带较窄时，相应的采样频率可以降低。采样频率是图像变化频率 2 倍时，就能保证由离散图像数据无失真地重建原图。因此，用数字图像表示连续图像总会有些失真。

（2）量化。

采样是对图像函数 $f(x,y)$ 的空间坐标 (x,y) 进行离散化处理，而量化是对每个离散点——像素的灰度或颜色样本进行数字化处理。具体说来，就是在样本幅值的动态范围内进行分层、取整，以正整数表示。

（3）编码。

图像数字化后，转换出来的一连串二进制数值一般采用两种方式存储。

①位映射。该存储方式是将图像中的每一点数值都放在以字节为单位的矩阵中。例如当图像是单色时，一个字节可以存放 8 点图像数据；16 色图像则是以一个字节存储 2 点；256 色图像则是以一个字节存储 1 点。如此就能表达各种不同颜色模式的图像画面。位映射适用于内容复杂的图像。

②向量处理。该存储方式只记录图像内容的轮廓部分，而不存储图像数据的每一点。向量处理适合存储商用图表和工程设计图。这类图像内容多半是一些几何图形，比如矩形、圆形、椭圆形和多边形等。以向量来记录几何图形，可以为文件节省许多数据量。但如果采用向量记录一幅内容复杂、图案形状多变的画面，反而会产生大量的向量数据，可能远超过该图像画面以位映射存储的数据量；况且，要计算出图像中每个图案的坐标位置，必须耗费很长时间执行一些复杂的分析演算，才可能产生所有的向量数据，而后存档。因此，一般图像文件在存储图像数据时很少采用向量处理方式。

各种图像文件的制作方式都有着共同的编码原理。每种图像文件除了图像数据之外，都免不了要存储一些识别信息。如果一个图像文件只存储数字图像数据，那么程序则难以解读出正确的图像数据。因此，在图像文件内部必须建立起一些识别信息用以定义图像的各项参数，比如图像宽度和高度、颜色种类、调色板数据等。只有这样，才能避免程序读取数据的时候发生错误，这就是编码处理。

4.3.3 常用图像文件格式

图像文件可以按照各种形式进行分类，但是主要有以下几种：一是按照图像文件所使用的压缩方法进行分类；二是按照图像文件的数据组织形式分类；当然也可以按照应用场合和所适用的软件进行分类。

1. BMP

BMP 是与设备无关的位图，它是 Windows 环境的标准图像格式。Windows 的系统软件提供了支持该格式的图像处理函数 API。其文件结构与 PCX 类似，一个文件只存储一幅可以以压缩格式或非压缩格式存储的图像数据。BMP 文件可以为单色、4 色、16 色和 256 色图像文件。BMP 图像格式图像信息较为丰富，但缺点是几乎不加压缩，图像数据量大。

2. PCX

PCX 格式是 ZSOFT 公司在开发图像处理软件 Paintbrush 时所开发的一种格式，是基于 PC 的绘图程序的专用格式，一般的桌面排版、图形艺术和视频捕获软件都支持这种格式。PCX 支持 256 色调色板或全 24 位的 RGB，图像大小最多达 64 K×64 K 像素，但不支持 CMYK 或 HSI 颜色模式。Photoshop 等多种图像处理软件均支持 PCX 格式。PCX 压缩属于无损压缩。

3. GIF

GIF（Grophic Interchange Format）是一种图形交换文件格式，是 1987 年美国

一家著名的在线信息服务机构 CompuServe 开发的图像文件格式。它是为了制定彩色图像传输协议而开发的图像文件格式，具有 64 000 像素的图像、256～16 M 颜色的调色板、单个文件中的多重图像、按行扫描的迅速解码、有效地压缩以及硬件无关性等功能。因此，GIF 具有高压缩比、占用存储空间少、适合网络环境使用、具有动画功能等优点。

4. JPEG

国际标准化组织（ISO）和国际电报电话咨询委员会（CCITT）联合照片专家组（Joint Photographic Experts Group，JPEG）于 1991 年 3 月制定了 JPEG 标准，即连续色调静态图像的数字压缩和编码。该标准就是 ISO CD 10918 号建议草案，这是单色灰度和彩色连续色调的静止数字图像的压缩标准。

该压缩标准充分应用了人眼的视觉和心理特征，采用了亮度与色差彩色模型，具有较大的压缩比，在压缩比为 1/20～1/50 的情况下，人眼几乎觉察不出图像的失真。JPEG 也是一种灵活的格式，具有调节图像质量的功能，允许使用不同的压缩比压缩图像，使我们能够在图像质量和文件大小之间去寻找平衡点。

5. TIFF

TIFF（Tag Image File Format，标记图像文件格式）是一种灵活的位图图像格式。TIFF 文件格式于 1986 年提出，是 Aldus 和 Microsoft 公司为扫描仪和桌面出版系统研制开发的一种通用的图像文件格式，它是扫描仪和出版行业普遍使用的一种位图文件格式。

TIFF 图像格式支持 RGB 彩色模式，理论上可具有任何大小的尺寸和分辨率。TIFF 文件可以存储黑白图像、灰度图像和彩色图像。图像深度可以是 1～8 位、24 位、32 位或 48 位，支持 RGB 模型和 CMYK 模型，可以对真彩色索引彩色编码。TIFF 支持高分辨率图像，具有分块存储的特点，再现时可以仅仅读取要显示的那一部分。

4.3.4 常用图像处理软件

图像处理指对已有的数字图像进行再编辑和处理。图像处理的软件包很多，目前常用的有 Photoshop、Fireworks、ACDSee、CorelDRAW 等软件。采集到的数字图像素材必须经过图像编辑软件按照作品的要求编辑后，才能够作为数字媒体作品中的构件使用。图像在数字媒体作品中的表现形式由数字媒体创作工具集成时设定，多数数字媒体作品创作工具本身也具有功能极其简单的图像编辑能力。

1. Photoshop

Photoshop 是 Adobe 公司推出的一款功能十分强大、使用范围广泛的平面图

105

像处理软件。Photoshop 目前是众多平面设计师进行平面设计、图形和图像处理的首选软件，应用领域涉及图像、图形、文字、视频、出版等各方面。

（1）平面设计。

平面设计是 Photoshop 应用最为广泛的领域，无论是我们正在阅读的图书封面，还是大街上看到的招贴、海报，这些具有丰富图像的平面印刷品基本上都需要 Photoshop 软件对图像进行处理。

（2）修复照片。

Photoshop 具有强大的图像修饰功能。利用这些功能可以快速修复一张破损的老照片，也可以修复人脸上的斑点等缺陷。

（3）广告摄影。

广告摄影作为一种对视觉要求非常严格的工作，其最终成品往往要经过 Photoshop 的修改才能得到满意的效果。

（4）影像创意。

影像创意是 Photoshop 的特长，通过 Photoshop 的处理可以将原本风马牛不相及的对象组合在一起，也可以使用"狸猫换太子"的手段使图像发生面目全非的巨大变化。

（5）艺术文字。

当文字遇到 Photoshop 处理，就已经注定不再普通。利用 Photoshop 可以使文字发生各种各样的变化，并利用这些艺术化处理后的文字为图像增加效果。

（6）网页制作。

网络的普及是促使更多人掌握 Photoshop 的一个重要原因。因为在制作网页时 Photoshop 是必不可少的网页图像处理软件。

（7）建筑效果图后期修饰。

在制作建筑效果图包括许多三维场景时，人物与配景包括场景的颜色常常需要在 Photoshop 中增加并调整。

（8）绘画。

由于 Photoshop 具有良好的绘画与调色功能，许多插画设计制作者往往使用以铅笔绘制草稿，然后用 Photoshop 填色的方法来绘制插画。

除此之外，近些年来非常流行的像素画也多为设计师使用 Photoshop 创作的作品。

（9）绘制或处理三维贴图。

在三维软件中，如果能够制作出精良的模型，但无法为模型制作出逼真的贴图，也无法得到较好的渲染效果。实际上在制作材质时，除了要依靠软件本身具有材质功能外，也可以利用 Photoshop 制作出在三维软件中无法得到的合适材质。

106

（10）婚纱照片设计。

当前越来越多的婚纱影楼开始使用数码相机，这也使得婚纱照片设计的处理成为一个新兴的行业。

（11）视觉创意。

视觉创意与设计是设计艺术的一个分支，此类设计通常没有非常明显的商业目的，但由于它为广大设计爱好者提供了广阔的设计空间，因此越来越多的设计爱好者开始学习 Photoshop，并进行具有个人特色与风格的视觉创意。

（12）图标制作。

虽然使用 Photoshop 制作图标在感觉上有些大材小用，但使用此软件制作的图标的确非常精美。

（13）界面设计。

界面设计是一个新兴的领域，已经受到越来越多的软件企业及开发者的重视，虽然暂时还未成为一种全新的职业，但相信不久后一定会出现专业的界面设计师。当前还没有用于做界面设计的专业软件，因此绝大多数设计者使用的都是 Photoshop。

2. Fireworks

Fireworks 是由 Macromedia 公司开发的，用来设计和制作专业化网页图形的网页制作软件之一。它在绘图方面结合了位图以及矢量处理的特点，不仅具备复杂的图像处理功能，并且还能轻松地把图形输入到 Flash、DreamWeaver 及第三方的应用程序中。作为 Macromedia 三剑客之一的 Fireworks，它的主要任务就是制作矢量图为网页服务，同时也是 Flash 的最佳伴侣，其主要功能如下：

（1）矢量编辑与位图编辑。

创建和编辑矢量图像与位图图像，并导入和编辑 Photoshop 和 Illustrator 文件。

（2）图像优化。

采用预览、跨平台灰度系统预览、选择性 JPEG 压缩和大量导出控件，针对各种交付情况优化图像。

（3）高效的 Photoshop 和 Illustrator 集成。

导入 Photoshop（PSD）文件，导入时可保持分层的图层、图层效果和混合模式；将 Fireworks（PNG）文件保存成 Photoshop（PSD）格式。导入 Illustrator（AI）文件，导入时可保持包括图层、组和颜色信息在内的图形完整性。

（4）快速原型构建。

网站和各种 Internet 应用程序构建交互式布局原型。将网站原型导出至 Adobe DreamWeaver，将 RIA 原型导出至 Adobe Flex。

107

（5）支持多页。

使用新的页面板在单个文档（PNG 文件）中创建多个页面，并在多个页面之间共享图层。每个页面都可以包含自己的切片、图层、帧、动画、画布设置，因而可在原型中方便地模拟网站流程。

（6）分层的图层组织方式。

采用与 Adobe Photoshop 类似的新分层图层结构来组织和管理原型，能方便地组织 Web 图层和页面。

（7）滤镜效果。

应用灯光效果、阴影效果、样式和混合模式（包括源自 Photoshop 的 7 种新的混合模式），增加文本和元件的深度和特性。

（8）公用库。

公用库中包含 Web 应用程序、表单、界面和网站中经常用到的图形元件、文本元件和动画，可以使用它迅速开始原型构建过程。

（9）智能缩放。

通过切片缩放智能地缩放矢量图像或位图图像中的按钮与图形元件；将切片缩放与新的自动形状库相结合，以加速网站和应用程序的原型构建进度。

3. ACDSee

ACDSee 是目前非常流行的看图工具之一，它提供了良好的操作界面、简单而人性化的操作方式、优质的快速图形解码方式、支持丰富的图形格式及强大的图形文件管理等功能，支持超过 50 种常用多媒体格式。其主要功能如下：

（1）快速查看。

ACDSee 是目前市场上最快的查看器，可以以最快的速度查看图片。

通过虚拟日历查看图片，让图片填满你的屏幕并通过指尖轻点快速浏览。另外，ACDSee 的快速查看模式可以以最快的方式打开邮件附件或者桌面的文件。

（2）管理文件。

使用 ACDSee 可以管理你的 Windows 文件夹，增加关键字和等级，编辑元数据，按照个人的喜好将图片任意分类而无须复制文件。

（3）修正和改善照片。

ACDSee 也是很好的图片编辑工具，拥有如消除红眼、清除杂点、改变颜色、剪切图像、锐化、浮雕特效、曝光调整、旋转、镜像等功能，还能进行批量处理。

（4）分享最喜欢的照片。

通过邮件给家庭成员和朋友发送照片，无须担心修改尺寸和转换格式的多余操作。

（5）使家庭打印轻而易举。

通过 ACDSee 打印输出工具可以在家更加容易地打印照片。ACDSee 在您的印刷品尺寸范围内运行并且帮助您在一页内打印多个 4×6 印刷品，以 8×10 填装整个页面或者创建习惯的打印尺寸。

（6）保护照片。

ACDSee 可以保存图像的拷贝文件，因此，当电脑出现问题时图片也不会丢失。它可以使用同步工具使图片文件夹与外部的硬件驱动和网络驱动同步，或者使用数据库备份工具将照片和数据备份到 CD 或者 DVD，甚至可以自己安排备份和提醒。

4. CorelDRAW

CorelDRAW 是目前最好的矢量图形设计软件之一，它是由全球知名的专业化图形设计与桌面出版软件开发商——加拿大的 Corel 于 1989 年推出的。Corel-DRAW 绘图设计系统集合了图像编辑、图像抓取、位图转换、动画制作等一系列实用的应用程序，构成了一个高级图形设计和编辑出版软件包，并以其强大的功能、直观的界面、便捷的操作等优点迅速占领市场，赢得了众多专业设计人士和广大业余爱好者的青睐。

CorelDRAW 界面设计友好，操作精微细致。它提供给设计者一整套绘图工具，包括圆形、矩形、多边形、方格、螺旋线，并配合塑形工具，对各种基本图形可以作出更多的变化，如圆角矩形、弧、扇形、星形等。同时也提供了特殊笔刷，如压力笔、书写笔、喷洒器等，以便充分地利用电脑处理信息量大、随机控制能力高的特点。

CorelDRAW 是一款十分优秀的图形设计软件，利用它可以进行图形的绘制和报纸的排版，还可以做宣传册、产品包装、卡通画、名片设计等。使用它来制作和设计作品，不仅得心应手，还会在创作的过程中，从它那里得到源源不断的启发。

4.3.5 数字图像处理

1. 图像处理的一般流程

一般的图像处理环节包括确定图像主题及构图、确定成品图的尺寸大小及画面基调、获取基本的数字图像素材、对素材进行处理、图片叠加文字说明或绘制图形、整体效果调整、图像的输出。在实际处理时，有可能只涉及其中的某一步或几步，但图像的主题和目标始终指导着图像处理的每一步。另外，图像处理是一个包含技术和艺术的创作过程，需要反复实践才能达到得心应手的程度。

109

（1）确定图像主题及构图。

图像的设计和处理都是围绕着主题进行的，因此必须首先确定主题和构图。主题可以帮助限定基本素材的选用范围及画面基调。构图决定了各素材的搭配位置，有助于形成初步的视觉效果。

（2）确定成品图的尺寸大小及画面基调。

根据设计目标确定图像的图纸大小，即为以后各个对象确定一个可以比较的界面。这一步如果是建立一幅新图，则应选择真彩/灰度模式，也可以根据基本图像素材重新采样或裁剪、放大到合适的尺寸。

（3）获取基本的数字图像素材。

通常一幅成品图是由多个素材合成的，因此必须先准备好图片素材，然后输入待处理的图像素材。

（4）对素材进行处理。

将素材中需要的部分调入图像中，并进行效果调整。首先在各基本素材图像中定义所需素材的选择区，把各种素材从基本素材图像中"抠出"，并置于基图的不同图层中，确定各个素材的大小、显示位置、显示顺序，这一步可能需要反复操作才能达到较理想的构图效果，然后融合各素材的边缘，使其看起来比较自然。如果有需要的话，可以使用滤镜加上特殊的艺术效果。

（5）图片叠加文字说明或绘制图形。

如果设计中需要绘制一部分图，或叠加文字，绘制的图形及文字都可分别生成新的图层，便于对各图进行编辑及调整图层间的前后关系。

（6）整体效果调整。

该环节要做的是针对初步出现的整体效果，对全部素材进行最后调整。如果发现某图层需要处理，可先将暂时不处理的图层消隐，在编辑窗口中仅露出当前需要编辑的图层。图层中图像的处理包括图像的色调、边缘效果及其他一些效果处理等。在图像处理的过程中，完成了几个较满意的操作或处理完一个图层以后，应注意及时保存，以便在进行了不满意的处理时，可恢复到前面的效果，或调出原有图层。最后根据整体效果进行各部分的细调，以完成最终的图像作品。

（7）图像的输出。

图像处理完成以后，如果需要保存各图层信息，应保存一个 PSD 格式的文件，以便将来做进一步处理，然后将处理完毕的图像进行变换，如为减小占用存储空间可将真彩色图像变换为 256 色图像，最后按一定的通用图像格式来保存该图像。

2. 基本图像处理技术

图像处理分为全局处理和局部处理。

（1）全局处理技术。

全局处理就是能够改变整个图片效果的处理。一般情况下，典型的全局处理技术包括亮度/对比度调整、色彩平衡调整、滤镜调整、蒙板遮蔽选择。

①亮度/对比度调整。当图像过亮时，通常会调整图像的亮度/对比度，修改图像中像素的亮度或对比度，这将影响图像的高亮显示、阴影和中间色调。

②色彩平衡调整。如果感觉到图片偏色，就需要进行色彩平衡调整。色彩平衡是指能够在色彩空间进行的调整，这些调整可以通过曲线和色阶调等方法来完成。色彩平衡是对单独的色彩进行改变，但是改变的同时也会间接影响到图像中其他的颜色。与色彩平衡对应的一个概念就是色彩校正，色彩校正是针对色彩平衡而言的，它只改变图像中的一种颜色而不影响到其他的颜色。

③滤镜调整。滤镜工具是通过计算机的运算来模拟摄影时使用的偏光镜、柔焦镜及暗房中的曝光和镜头旋转等技术，并加入美学艺术创作的效果而发展起来的。

④蒙板遮蔽选择。蒙板能改变一个图层的可操作区域。添加了蒙板的图层如果在蒙板状态，用白色可以使这个图层的可操作区域变大，用黑色可以使这个图层的可操作区域变小。添加了蒙板的图层都可以在两种状态下工作：一是图层状态；二是蒙板状态。蒙板的主要作用有三个：抠图、处理图的边缘淡化效果、融合不同图层。

（2）局部处理技术。

局部处理就是允许对图片局部进行细小的变更，而不需要选择或遮蔽区域。典型的局部处理技术包括克隆、颜色替换、涂抹、裁切、橡皮擦。

①克隆：使用仿制图章可以从图像中取样，然后将样本应用到其他图像或同一图像的其他部分；也可以将一个图层中的一部分仿制到另一个图层。

②颜色替换：能够将图像中特定颜色进行替换，可以用校正颜色在目标颜色上绘画。

③涂抹：使用涂抹工具可以模拟在湿颜料中拖移手指的动作。该工具可拾取描边开始位置的颜色，并沿拖移的方向展开这种颜色。

④裁切：裁切工具可以移去部分图像以突出或加强构图效果。

⑤橡皮擦：用来擦除图像中不需要的部分。

4.4　图像输出

伴随着数码相机的普及以及快速发展的 IT 数码浪潮，传统的相机在逐渐被数码相机所取代，人们的摄影消费模式也随之发生变化。开始从简单的照相、冲印转向数码照相——电脑欣赏——合理编排——效果冲印，由此产生了数码冲印需求。

数码印刷是印刷技术的数码化。例如激光照排、远程传版、数码打样、计算机直接制版、数字化工作流程、印厂 ERP 等都属于数码印刷的范畴。

4.4.1　数码冲印

数码冲印技术属于感光业尖端的技术，是数字输入、图像处理、图像输出的全部过程。它采用彩扩的方法，将数码图像在彩色相纸上曝光，输出彩色相片，是一种高速度、低成本、高质量制作数码相片的方法。

数字输入是指将传统底片、反转片、成品相片通过数码冲印机的扫描系统，扫描成数字图像输入到冲印机连接的电脑中，而数码相机使用的 SM、CF 卡等存储介质，以及软盘、MD、光碟则可以直接读入电脑中。由此可见，数码冲印不仅是冲印数码相机拍摄的图像，还可以冲印传统胶片以及其他各种存储介质中的数字图像。

传统的冲印不能传输到计算机上，受服务对象影响更大。跟传统冲印相比较，由于数码照片全部以计算机图形文件的形式存在，所以可以对照片进行修改以改善传统冲印不能解决的瑕疵，如底片褪色、曝光不足、无法消减红眼效果等。另外还可以根据自己的爱好随意剪裁或进行特殊处理，如添加怀旧效果。因此在数码冲印的过程中衍生出了一系列的图片加工制作服务，比如照片修改、照片设计、制作个性名片、台历、纪念相册等。

4.4.2　数码印刷

数码印刷就是将数字化的图文信息直接记录到承印材料上进行印刷，也就是说输入的是图文信息数字流，而输出的也是图文信息数字流。

1. 数码印刷流程

数码印刷需要经过原稿的分析与设计、图文信息的处理、印刷、印后加工等过程，只是减少了制版过程。因为在数码印刷模式中，输入的是图文信息数字流，而输出的也是图文信息数字流。较之于传统印刷模式的 DTP 系统来说，只是输出的方式不一样，传统的印刷是将图文信息输出记录到软片上，而数码印刷模式则将数字化的图文信息直接记录到承印材料上。

2. CTP 的含义

在印刷领域中 CTP 包含以下 4 种含义：

（1）Computer to Plate。

从计算机直接到印版，即人们经常说的"脱机直接制版"。它最早是由照相直接制版发展而来的。所有制版设备都是采用计算机控制的激光扫描成像，通过显影、定影等工序完成印版。这一技术使文字、图像转变成数字，免去了胶片这一中间媒介，减少了中间过程的质量损失和材料消耗。

（2）Computer to Press。

从计算机直接到印刷机，即人们经常说的"在机直接制版"。它是将印版装在数字印刷机的滚筒上，再通过计算机控制的激光束将图文信息直接输出到印版上，然后开机印刷。目前这种印版可以记录图文，但不能擦去，只能一次使用。

（3）Computer to Paper / Print。

从计算机直接到纸张或印品。Computer to Paper 相当于喷墨印刷，即通过计算机控制喷墨头，将极小的墨滴直接喷绘在纸上，形成图文信息。Computer to Print 相当于由计算机控制的激光束将图文信息直接输出到"印版"上，即可开机印刷。

（4）Computer to Proof。

从计算机直接得到样张，即数字打样。数字打样是印前领域在数据化控制过程中的一个重要环节，它的目的是检验印品质量以及客户对印刷效果的确认程度。由于价格低、效率高，数字打样正在逐步取代一部分传统模拟打样。

一般情况下，CTP 技术更多的是指计算机直接制版（Computer to Plate）技术。

【思考题】

1. 数字图像采集设备有哪些？如何选购这些设备？
2. 常用的矢量图形文件格式有哪些？
3. 常用的位图图形文件格式有哪些？
4. 数字图像输出设备有哪些？
5. 常用的图像文件格式有哪些？
6. 说明图像数字化的过程。

【实践题】

1. 熟悉数码相机的使用操作并进行实景拍摄的练习。
2. 利用扫描仪将文字或图片存储在计算机中。
3. 了解绘图的功能和基本操作。
4. 参观数码冲印和数码印刷的过程。

113

INTRODUCTION TO DIGITAL MEDIA

Digital
Audio
Media

第 5 章

数字音频媒体

本章主要概述了声音的定义和声音的特点，介绍数字音频媒体的基础知识与处理技术，包括音频获取、表示、处理与应用等方面的内容，以及常用音频文件格式和处理软件的使用。

【本章学习要点】

人通过耳朵感知外部声音信息，声音是人们用来传递信息最常用、最方便、最熟悉的方式。传统的计算机与人的交流是通过键盘或鼠标输入，再通过显示器接受信息。随着数字媒体信息处理技术的发展，计算机数据处理能力的增强，音频处理技术逐渐受到重视，并得到广泛的应用。在数字媒体作品中，数字音频信息的内容由内容专家和脚本决定，与作品的目的密切相关。在不同的场合，为了不同的目的，数字音频的表现形式也不同，主要用于解说、伴音、背景声音和背景音乐、片头歌曲、片尾歌曲、主题歌等。

本章主要概述了声音的定义及特点，介绍数字音频媒体的基础知识与处理技术，包括音频获取、表示、处理与应用等方面的内容，以及常用音频文件格式和处理软件的使用。通过本章的学习，学习者可以掌握数字音频媒体的基本概念、方法、技术与应用等知识，了解音频数字化的基本流程。

【本章内容结构】

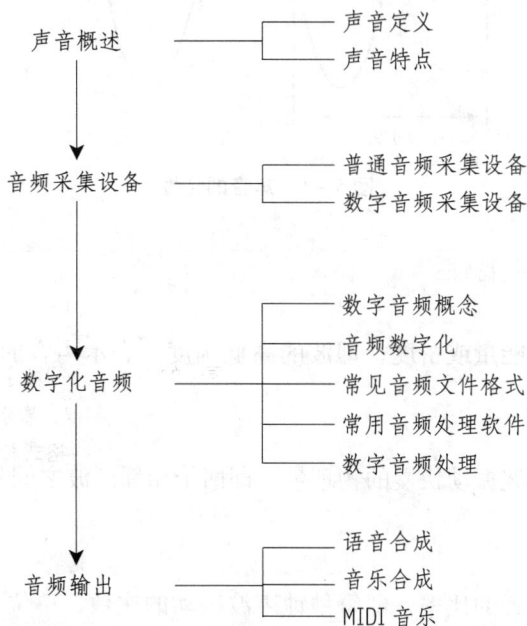

```
声音概述 ──────┬────── 声音定义
               └────── 声音特点

   │
   ↓

音频采集设备 ───┬────── 普通音频采集设备
               └────── 数字音频采集设备

   │
   ↓

数字化音频 ─────┬────── 数字音频概念
               ├────── 音频数字化
               ├────── 常见音频文件格式
               ├────── 常用音频处理软件
               └────── 数字音频处理

   │
   ↓

音频输出 ───────┬────── 语音合成
               ├────── 音乐合成
               └────── MIDI 音乐
```

115

5.1　声音概述

声音所携带的信息大体可以分为语音、音乐和音响三类。语音是指具有语音内涵和人类约定的特殊媒体；音乐是规范的符号化的声音；音响是指其他自然声音，如动物的叫声、机器的轰鸣声、风雨雷电声等。

5.1.1　声音定义

声音是指自然声。声音是机械振动在弹性介质中传播的机械波，是随时间连续变化的物理量，其物理特性如图 5-1 所示。

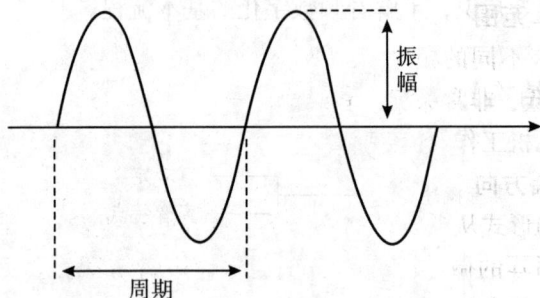

图 5-1　声音的特性

声音有三个重要特性：

1. 振幅

振幅是声音的能量或密度，即波的高低幅度，表示声音的强弱。声音越强，幅度越大。

2. 周期

周期是表示声波振动快慢的物理量，即两个相邻声波之间的时间长度。周期越长，振动越慢。

3. 频率

频率是测量声音的比率，即每秒钟声波振动的次数，单位为 Hz。频率越高，声音越尖锐、越清晰。

5.1.2　声音特点

人类生活在一个充满声音的环境中，通过声音进行交谈、表达思想感情以及开展各种活动。声音以声波的形式传播，声波通过固体、液体或气体的传播形成运动。在声波音调低、移动缓慢并足够大时，我们实际上可以"感觉"到气压波振动身体。

1. 声音的传播方式

声音依靠介质（空气、液体、固体）的振动进行传播。声源是一个振荡器，它使周围的介质产生振动，并以波的形式进行传播。人耳感觉到这种传播过来的振动，再把情况反映到大脑，就听到了声音。声音在不同的介质中传播的速度和衰减速率是不一样的，这两个因素导致了声音在不同的介质中传播的距离不同。

2. 声音的频率范围

不同的声音有不同的频率范围，人耳能听到的频率范围是 50 ~ 20 000Hz。50 Hz 的声音非常低、非常深沉，就好像远处传来的嗡嗡声。而 20 000Hz 的声音非常高，好像钻孔机工作的声音或女高音歌手唱的最高的音调。

3. 声音的传播方向

声音以振动的形式从声源向四周传播，人类在辨别声源的位置时，首先依靠声音到达左、右两耳的微小时间差和强度差异进行辨别，然后经过大脑综合分析，判断声音来自何方。

从声源直接到达人耳的声音是直达声。直达声的方向非常容易辨别。但是在现实生活中，森林、海洋、建筑、地貌和景物等存在于我们的周围，声音从声源发出后，经过多次反射才能被人们听到，这就是反射声，如图 5-2 所示。

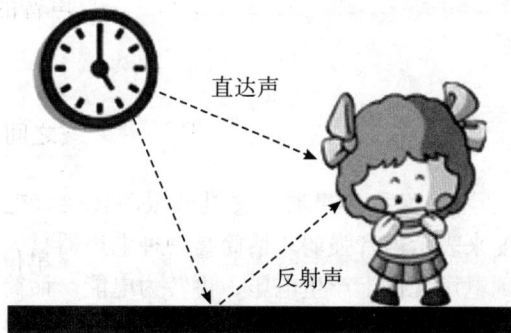

直达声

反射声

图 5-2　直达声与反射声

117

4. 声音的三要素

（1）音调。

音调代表声音的高低，与频率有关。频率越高，音调越高，反之亦然。不同的声源有自己特定的音调，如果改变了声源的音调，那么声音会发生质的转变，使人们无法辨别声源本来的面目。

（2）音强。

音强是声音的特色，也称为声音的响度（或音量）。音强与声波振幅成正比，振幅越大，强度越大，反之亦然。唱盘、CD 以及其他形式的声音载体中的音强是一定的，通过播放设备的音量控制，可以改变聆听时声音的强度。

（3）音色。

音色是声音的特色，影响声音特色的因素是复音。复音是指具有不同频率和不同振幅的混合声音，自然声中大部分是复音。在复音中，最低频率是基音，它是声音的基调；其他频率的声音是谐音（泛音）。基音和谐音是构成声音音色的重要因素。各种声源都具有自己独特的音色，如各种乐器的声音、每个人的声音、各种生物的声音等，人们就是依据音色来辨别声源的种类的。

5.2 音频采集设备

声音在数字媒体中可以用来烘托气氛、构建作品的演示情绪和建立作品的听觉空间，任何动人的、成功的数字媒体作品都离不开声音媒体。如何恰到好处地应用声音信息是创作数字媒体作品必须考虑的问题。学会在数字媒体作品中正确应用声音媒体是一个经验累积的过程，这需要不断地实践。学会从现实世界捕获、搜集声音素材，并且能够应用声音素材加工成作品所需要的声音构件，是音频采集的主要内容。

5.2.1 普通音频采集设备

1. 话筒

话筒如图 5-3 所示，又称传声器，它机械振动转换成电信号，模拟音频技术以模拟电压的幅度来表示声音强弱。话筒是一种电声器材，是声电转换的换能器，通过声波作用到电声元件上产生电压，再转为电能。话筒的主要功能是用于各种扩音设备中，进行声音能量的收集。话筒种类繁多，电路简单。

图 5 - 3   话筒

按录音室对话筒最通用的分类法，话筒分为以下两种：

（1）动圈话筒。

动圈话筒是指由磁场中运动的导体产生电信号的话筒。它由振膜带动线圈振动，从而使在磁场中的线圈感应出电压。其特点是：结构牢固，性能稳定，经久耐用，价格较低；频率特性良好，50～15 000 Hz 频率范围内幅频特性曲线平坦；指向性好；无须直流工作电压，使用简便，噪声小。

（2）电容话筒。

电容话筒的振膜是电容器的一个电极，当振膜振动时，振膜和固定的后极板间的距离跟着变化，就产生了可变电容量，这个可变电容量和话筒本身所带的前置放大器一起产生了信号电压。电容话筒的特点是：

①频率特性好，在音频范围内幅频特性曲线平坦，这一点优于动圈话筒。

②无方向性，灵敏度高，噪声小，音色柔和。

③输出信号电平比较大，失真小，瞬态响应性能好，这是动圈话筒所达不到的优点。

④工作特性不够稳定，低频段灵敏度随着使用时间的增加而下降，寿命比较短，工作时需要直流电源，造成使用不方便。

电容话筒中有前置放大器，当然就得有一个电源，由于体积关系，这个电源一般是放在话筒之外的。除了供给电容器振膜的极化电压外，也为前置放大器的电子管或晶体管供给必要的电压，我们称它为幻象电源。由于有了这个前置放大器，所以电容话筒相对要灵敏一些。在使用时不可缺少的一些附属设备有防震架（一般会随话筒赠送）、防风罩、防喷罩、优质的话筒架。如果要进行超近距离的录音工作，还要配套一个防喷罩。

2. 录音机

声音的录制是将代表声音波形的电信号转换到适当的媒体。

119

录音机是对声音进行记录的机器，利用磁性材料的剩磁特性把代表模拟声音波形的电信号记录到磁性材料载体，实现重放功能。普通录音机大多为盒式磁带录音机，如图 5-4 所示。盒式磁带录音机是在机板上有一对使卡匣的位置决定孔嵌合在其上的卡匣引导支柱，主基板上有可进退的磁头装配板，在磁头装配板上的磁带供给侧还有引导器，其末端处具有限制上下宽度方向的部分，以限制磁带沿宽度移动。

图 5-4 盒式磁带录音机

5.2.2 数字音频采集设备

近年来，电台、电视台、音像公司，甚至包括一些个人音乐工作室都面临着设备数字化的问题，而市场上的数字设备种类繁多、型号更新快、功能复杂。数字录音机对模拟录音方式进行了升级，采用数字记录方式来存储音频信号。数字音频采集设备按记录载体的不同划分如下：

1. 磁带类录音设备

数字磁带录音机是运用数字技术进行记录和重放的磁带录音机。分为：

（1）普通盒式磁带数字录音机。

普通盒式磁带数字录音机是一种在普通卡带上发展出来的，可兼容模拟卡带的磁带数字录音机，如图 5-5 所示。从技术指标上看，它已经达到了 CD 的音质，而且还可以记录一些相关的文本信息。

图 5-5 普通盒式磁带数字录音机

120

（2）固定磁头数字录音机。

固定磁头数字录音机如图 5 – 6 所示，是一种盒带大小与普通盒带一样，也可以重放普通模拟盒带的数字录音机，采用精密自适应子频带编码系统，利用人耳的听觉特征，大大压缩了码率。固定磁头数字录音机大多是多轨机，有 2 声道12 轨机，16 声道、24 声道、32 声道机等多种格式。由于磁带在工作时是裸露在外的，所以，上带、卸带时很容易使磁带沾上灰尘、指纹被划伤、增加误码率。

图 5 – 6　固定磁头数字录音机

（3）旋转磁头数字录音机。

旋转磁头数字录音机是在录像机的基础上，利用一个脉冲编码调制（PCM）处理器把模拟声频信号变为数字信号后转换为伪视频信号，再用 U – matic 或专业用 VHS 录像机进行记录，如图 5 –7 所示。它是目前比较常用的磁带类录音设备类型，有两轨和多轨之分。电台外出采录实况、电视台晚会、音像部门的节目母带以及各电台之间的节目交流，大多采用这种旋转磁头数字录音机。

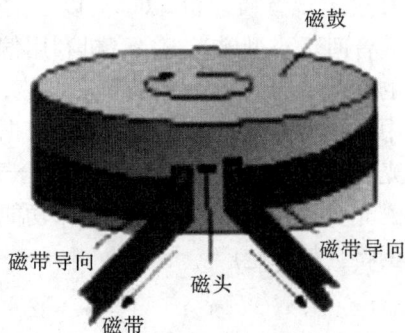

图 5 –7　旋转磁头数字录音机

2. 磁光盘类录音设备

（1）磁光盘录音机。

磁光盘是传统的磁盘技术与现代的光学技术相结合的产物，采用光磁结合的方式来实现数据的重复写入。磁光盘盘片大小类似三寸软盘，可重复读写一千万次以上，存储容量可达到几百兆。目前磁光盘已被开发成一种数字音频记录载体，国内外都有磁光盘录音机问世，如图 5 - 8 所示。从性能上看，磁光盘没有使用数据压缩技术，但可以进行一些非线性编辑工作，放音时可以像使用 CD 一样，比较适合电台、电视台的日常工作。不过，磁光盘刚刚出现时，由于价格一直没有降到可以普及的程度，从而影响了这类设备的推广。

图 5 - 8　磁光盘录音机

（2）小型磁光盘录音机。

小型磁光盘录音机与磁光盘录音机非常相像，如图 5 - 9 所示，只是小型磁光盘录音机采用了数据压缩技术，其数据压缩原理是建立在声音的幅度与时间掩蔽效应上的，去除因掩蔽效应而无实际听音意义的冗余和不相关信息，可以节省相当一部分存储空间。经过主观音质评价，6∶1 以下的数据压缩，人耳基本上听不出音质上的变化。放音时，小型磁光盘录音机利用偏振光在磁场中偏振方向的扭转，读出磁光盘上的信号；录音时，先以激光加热，使盘上磁性物质去磁，再通过磁头重新磁化；中外小型磁光盘录音机使用了数据缓冲技术，防震性能很好，使用方便。小型磁光盘录音机比较便宜，非常适合于电台、电视台的使用。现在很多新售出的小型磁光盘录音机在节目编辑制作功能上更加强大，所以小型磁光盘录音机的使用范围将会越来越广。

图 5 – 9　小型磁光盘录音机

3. 硬盘类录音设备

（1）硬盘录音机。

硬盘录音机虽然出现相对较晚，但发展却相当迅速，如图 5 – 10 所示。硬盘录音机读取时间快，除了具备与磁光盘录音机、小型磁光盘录音机相似的剪、移、合并、删除和消除等编辑功能之外，还增加了复制、撤销等功能，使用起来更灵活。一般使用较多的是 8、16 轨硬盘机。有些硬盘机除了有 8 个真实轨外，每一轨里还可以有许多条虚拟轨，如果原来的节目被洗掉，就可以利用虚拟轨来恢复，只要硬盘空间允许，可以在同一真实轨里录好几个虚拟轨，然后选择最好的作为真实轨的恢复。另外，硬盘录音机具有完善的同步功能，既可以与视频设备同步也可与 MIDI 设备同步，还可以与其他的硬盘机同步。硬盘录音机一般也提供了简单的调音台、跳线盘等功能，有的还加装了显示卡，把各轨信号的波形与相应的操作在电脑显示器上显示出来，很像一台数字音频工作站。

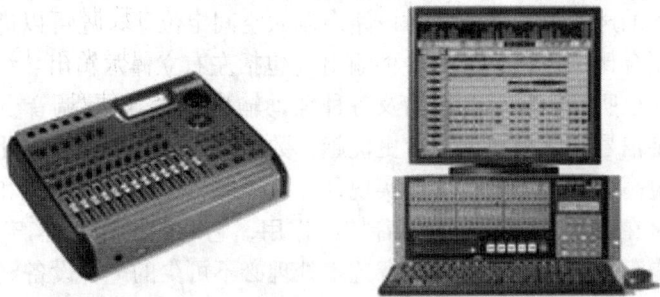

图 5 – 10　硬盘录音机

123

（2）数字音频工作站。

数字音频工作站是目前最尖端的数字录音设备，如图 5 – 11 所示，它是一台能够完成从录音、编辑、混合、压缩，一直到最后刻出母盘的全部音频节目制作过程的设备。数字音频工作站除了具有剪、贴、复制、删除等功能外，还增加了过去靠调音台、多轨录音机、编辑机、效果器等这些周边设备才能完成的音频信号的加工处理功能，如延时、混响、键边、压缩、限幅、扩张、噪声门、均衡，以及可提供入呈的时间压扩功能，也就是说，可以做到变速不变调或变调不变速，这是以往所有音频设备所没有的功能。这种功能特别适合于广告制作，如 32 秒的广告，音调不用变高，就可以压缩至 30 秒。

图 5 – 11　数字音频工作站

4. 数字调音台

调音台在现代电台广播、舞台扩音、音响节目制作中是一种经常使用的设备，调音台的作用有两个：其一是将每一路进行优化和调节；其二，对多路声音进行混合输出，每路的声音可以单独处理，可放大，作高音、中音、低音的音质补偿，给输入的声音增加韵味，对该路声源做空间定位等；还可以进行各种声音的混合，且混合比例可调；拥有多种输出（包括左右立体声输出、编辑输出、混合单声输出、监听输出、录音输出及各种辅助输出等）。数字调音台是以数字的方式处理数字信号，比模拟调音台更优越；数字信号处理不产生劣化，能获得比模拟调音台更高的音频质量；可以实现计算机控制，为高度自动化和智能化提供可能。调音台在诸多音频系统中起着核心作用，它既能创作立体声、美化声音，又可以抑制噪声、控制音量，是声音艺术处理必不可少的一种设备。

5. 数字音频网络

把每个音频工作站作为一个网络用户，再辅以必需的管理站、播出站等，就可以建立起数字音频网络。对于广播电视机构，过去要做一个节目，编辑人员要找好多音响、音乐资料带，然后录音、合成，再复制到播出带上，最后送到播出部门。在数字音频网络中，音响、音乐资料可以从网络的服务器或资料库里调用，实现资源共享；节目在录制工作站上完成后，送到服务器里，经编辑审编后，由播出工作站播出。网络除了可以处理声音信号外，还可以同时传送文本信息。数字音频网络具有资料管理、录音制作、编辑、播出管理、节目播出等功能，是未来广播电视发展的趋势。如图 5－12 所示为校园数字音频网络图。

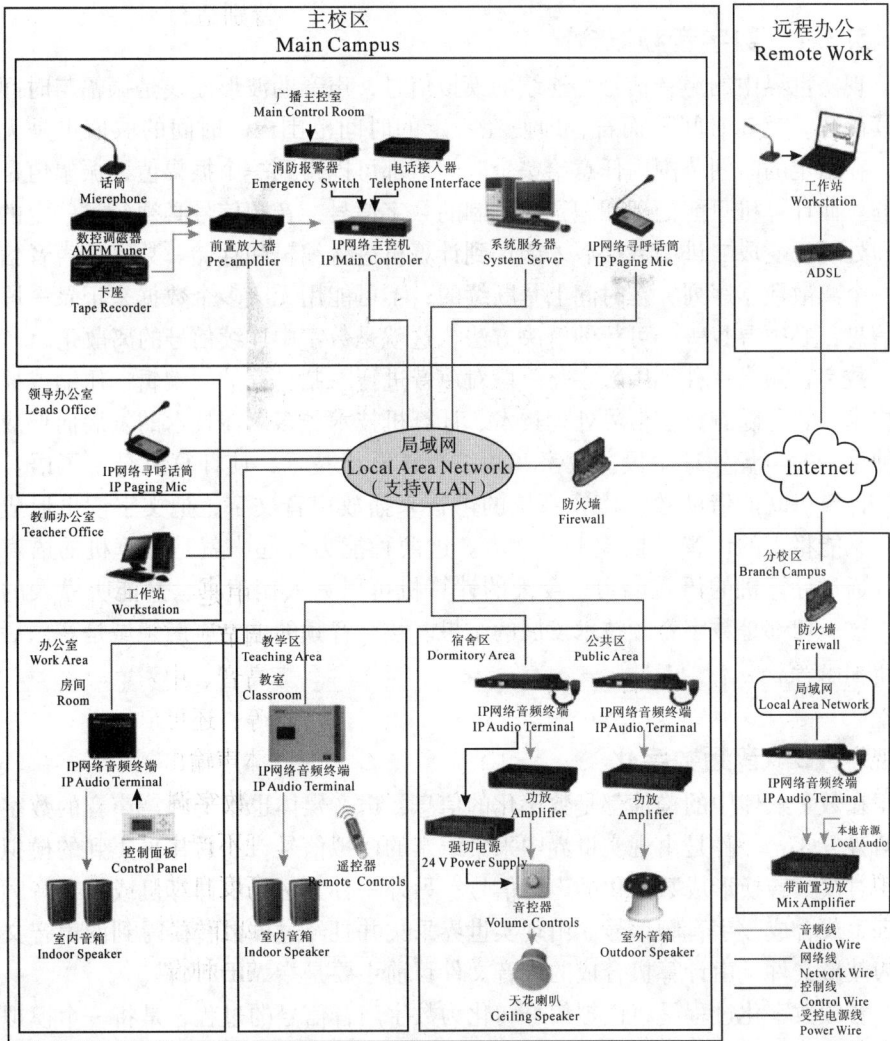

图 5－12　校园数字音频网络图

5.3 数字化音频

声音信号经过数字化进入计算机，打开了声音进入计算机的大门。数字音频的处理技术为计算机用户提供了前所未有的应用功能，用户可以体验数字音乐高质量的震撼感受。

5.3.1 数字音频概念

现实世界中的声音信号是连续的模拟信号，声音的波形曲线是振幅与时间的连续函数。就其时间值而言，即使在一定的时间范围内，时间的取值也是无穷的；在给定的时间范围内任意给一个时间值都可以得到一个振幅值，振幅值是无穷的。而计算机只能处理和记录二进制的数字信号，音频信号必须经过一定的变化和处理，变成二进制数据后才能送到计算机进行编辑和存储。数字化声音信息是一个离散数据序列，在时间上是断续的，不可能用无穷多个数据来记录一段声音信息，必须寻找一个可行的解决方法，这就是数字中连续信号的离散化。

数字音频是一种利用数字化手段对声音进行录制、存放、编辑、压缩或播放的技术，它是随着数字信号处理技术、计算机技术、多媒体技术的发展而形成的一种全新的声音处理手段。数字音频结合计算机技术，使计算机具备了语言能力。计算机既能借助数字声音系统的声音来播放声音文字，把文字读出形成语音；又能将人的话音转换成电子文本。这两种能力合起来就是计算机的语言能力。通过计算机的语言能力，今天的计算机可以为人们读书，又能听懂人的语音，这一切都是数字音频技术发展的结果。数字音频的主要应用领域是音乐后期制作和录音。

5.3.2 音频数字化

在数字媒体中的构件都是数字化的信息，声音媒体也不例外。声音的数字化有两种方式：一种是由现实世界中采集声音的模拟信号，然后将采集到的模拟信号经过模数转换形成数字化的声音信号；另外一种方法是由计算机或数字音频设备产生或合成数字音频信号。由现实世界采集并且经过模数转换得到的声音文件称为波形文件。由计算机合成的声音文件目前主要是指 MIDI 文件。

音频数字化过程是将模拟信号转化为数字声音信号的过程，是将一个模拟量转换为数字量的过程，简称模数转换。模数转换的主要步骤有采样、量化和编码。

1. 采样

（1）采样概念。

音频是连续信号，当把模拟声音转换成数字声音时，需要每隔一个时间间隔在模拟声音波形上取一个幅度，称之为采样，如图 5 – 13 所示。采样的时间间隔为采样周期。

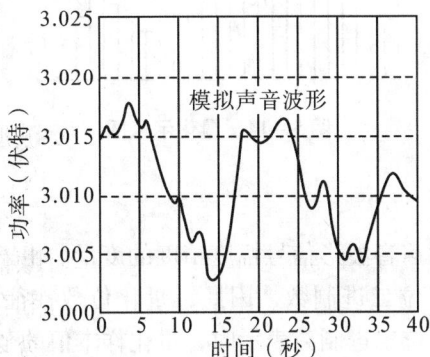

图 5 – 13　采样示意图

（2）采样频率。

采样频率是指单位时间中的采样次数，即每秒钟采集声音样本的个数。在采样过程中如何选择采样频率是一个非常重要的问题，采样频率太低，在单位时间内样本个数少，得到的信息将不足以有效地复原声音信号；采样频率过高，在同样的时间内样本个数太多，既浪费存储空间又不一定能提高声音信号的质量。在理论上，采样频率是根据控制理论中著名的奈奎斯特采样定理确定的，只有这样，才能够利用所采的声音样本信息复原原有声音信号。

（3）采样原理。

奈奎斯特采样定理：只要采样频率大于或等于信息中所包含的最高频率的两倍，即当信号在最高频率时，每个周期至少采样两个点，则理论上可以完全恢复原来的信号。只有这样才能够利用所采声音样本信息复原原有声音信号。

2. 量化

（1）量化概念。

在音频数字化中，把采样得到的表示声音强弱的模拟电压用数字表示。通过采样的信号，尽管在时间上离散，但模拟电压的幅度即使在某一个电平范围内，仍然可以有无数个，而用数字表示音频幅度时，只能把无穷多个电压幅度用有限个数字表示，即把某一个幅度范围内的电压用一个数字表示，这称为量化，如图

127

5 – 14 所示。

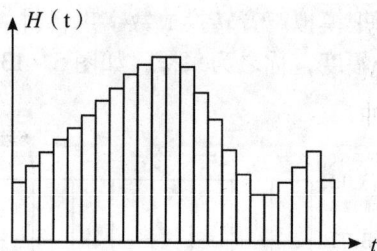

图 5 – 14　量化示意图

（2）量化位数。

量化位数是数字化声音波形信号幅度精度的度量。由于计算机中通常以字节编码，而一个字节是 8 位二进制数，因此，量化位数往往是 8 位、16 位等。例如，每个声音样本用 8 位二进制数表示时，量化样本值的范围是 0 ~ 255；当每个声音样本用 16 位表示时，量化样本值的范围是 0 ~ 65 535。量化位数越高，声音质量就越高，占用的存储空间也越多。

（3）量化原理。

先将整个幅度分成有限个小幅度（量化阶距）的集合，把落入某个阶距内的样值归为一类，并赋予相同的量化值。如果量化值是均匀分布的，称为均匀量化；否则称为非均匀量化。

根据对人类听觉的响度感觉的测定，用 8 位量化位数进行采样可以满足电话通信的要求；用 16 位量化位数进行采样则可以从好的家用立体声中重现理想的效果，相当于 CD 的音质。

3. 编码

（1）编码的概念。

编码是在声音经过采样后，将量化后的信号转换成一个二进制码组输出，即用二进制表示每个采样的量化值，完成整个模数转换过程。例如，量化得到的数据中只会出现两个数值 51 和 80，则只用 1 位二进制的数表示即可，用 0 表示 51，用 1 表示 80；若量化级别为 256（有 256 级量化数据），则可用 8 位二进制数表示。

（2）编码方法。

声音文件中记录的数据，要经过编码后才能最终记录到声音文件中。编码的过程就是要在声音数据文件中插入一定的通道控制数据、校验和纠错数据等，然后再对这些数据采取必要的压缩算法，最后才将这些数据记录到声音文件中。常用的音频编码方法是波形编码方法，这种算法简单、易于实现，在声音恢复时能保持原有的特点，因此被广泛应用。下面介绍常用的 3 种波形编码方法。

①PCM（Pulse Cde Modulation）编码。

PCM 编码又称为脉冲调制，是一种未经压缩的数字音频信号，直接对声音信号进行模数转换，用一组二进制数字编码表示。这是一种最常用、最简单的编码方法，不需要复杂的信号处理技术就实现瞬时的数据量化还原，而且信噪比较高，对于解码后恢复的声音，只要采样频率足够高，量化位数足够多，就会有很好的声音质量。

②DPCM（Differential Pulse Cde Modulation）编码。

DPCM 编码是利用信号的相关性，通过只传输声音的预测值与样本值的差值来降低音频数据编码率的一种方法。由于相邻的语音采样值之间存有很大的相关性，即从一个采样值到相邻的另一个采样值，信号不会发生突然的变化，相邻样值之差比样值本身小得多。因此，DPCM 采用预测编码方法建立预测模型，对未来的样本进行预测，然后将样本与预测器得到的预测值之差进行量化，这个差值的幅度远远小于样本值本身，表示位数要少，这样就可以降低数据的编码率，从而实现音频数据的压缩编码。

③ADPCM（Adaptive Differential Pulse Cde Modulation）编码。

ADPCM 编码是对 DPCM 方法的改进，加入了自适应方法。通过调整量化字长，对不同的频段设置不同的量化字长，使数据得到进一步压缩。在实际应用中，由于输入信号的不稳定性，造成 DPCM 方法的信噪比大大降低，而加入自适应方法就可以得到解决，这就构成了自适应差分编码调制方案。

5.3.3 常见音频文件格式

如同存储文本文件一样，存储声音数据也需要有存储格式。目前常用的音频文件格式很多。

1. WAV 文件格式

WAV 是 Microsoft 公司的音频文件格式，用 Microsoft Sound System 软件可以将 AIF 文件和 VOD 文件转换成 WAV 格式。WAV 文件来源于对声音模拟波形的采样、量化，其质量与采样频率和量化位数密切相关，该文件的扩展名为 . wav。

WAV 文件声音层次丰富、还原性好、表现力强，主要用于自然声音的保存与重放。

一般占用存储空间较大，其数据量与采样频率、量化位数及声道数目成正比，如果对声音质量要求不高，可以通过降低采样频率，采用较低的量化位数或利用单音来录制 WAV 文件，这样就可以成倍地减少 WAV 文件的大小。

2. VOC 文件格式

VOC 文件是 Creative 公司波形音频文件格式，也是声霸卡使用的音频文件格式。VOC 文件由文件头和音频数据块组成。文件头包含一个标识、版本号和一个指向数据块起始的指针。数据块分成各种类型的子块，如声音数据、静音、标记、ASCII 码文件、重复的结束、重复及终止标志、扩展块等。该文件的扩展名为 . voc。

3. PCM 文件格式

PCM 文件是模拟音频信号经模数转换、采样、量化、调制脉冲编码形成的音频二进制文件。该文件没有附加的文件头和文件结束标志。在声霸卡软件包中，可以利用 VOC - HDR 程序为 PCM 格式音频文件加上文件头，从而形成 VOC 格式文件。Windows 的 Convert 工具也能够将 PCM 音频格式的文件转换为 WAV 格式的文件。

4. MPEG - 3 文件格式

MPEG - 3 声音压缩算法是世界上第一个高保真声音数据压缩国际标准，应用广泛。MPEG 的音频格式分成 3 个层次：Layer I 、Layer II 、Layer III，压缩比最高的是 Layer III。MPEG - 3 是采用 MPEG 标准音频数据压缩编码中 Layer III 技术压缩之后的数字音频文件，扩展名为 . midi。MPEG - 3 压缩音乐的典型比例有 10 : 1、17 : 1，可以用 64 kbps 或者更低的采样频率节省空间，也可以用 320 kbps 的标准达到极高的音质。因此，该文件的特点是压缩比高、文件数据量小、音质好，能够在个人计算机、MP3 播放器中播放，同时也广泛应用在互联网络中。

5. MIDI 文件格式

MIDI （Musical Instrument Digital Interface） 是由世界上主要电子乐器制造厂商建立的一个通信标准，以规定计算机音乐程序、电子合成器和其他电子设备之间交换信息与控制信号的方法。

MIDI 文件中包含音符、定时和多达 16 个通道的乐器定义。每个音符包括键、通道号、持续时间和音量等信息，所以 MIDI 文件记录的不是乐曲本身，而是一些描述乐曲演奏过程中的指令，即何时使用、使用何种乐器、发何种声音的命令信息。MIDI 主要用于计算机声音的重放和处理，扩展名为 . midi。

由于 MIDI 文件记录的是一系列指令而不是数字化的波形数据，它占用存储空间比 WAV 文件要小得多，适用于对资源占用要求苛刻的场合，但 MIDI 文件的录制比较复杂，要具备 MIDI 作品创作、改编的专业知识，还必须有专门的工具。

该文件的扩展名为 . rmi，这是 Microsoft 公司的 MIDI 文件格式，除了包含 MIDI 消息外，还可以包括图片标记和文本。

6. WMA 文件格式

WMA（Windows Media Audio）是 Microsoft 的一种压缩的离散文件或流式文件，提供了一个 MP3 之外的选择机会。WMA 相对于 MP3 的主要优点是在较低的采样频率下仍能保持良好的音质。该文件扩展名为 . wma。

5.3.4 常用音频处理软件

进行数字音频处理时，可以依赖专业数字音频设备来完成各种音频编辑操作，也可以依赖普通的多媒体计算机和相应的软件技术来完成相应的技术处理。在某些时候，还可以将专业设备与计算机结合起来，用计算机和软件来控制专业设备或二者协同工作，共同进行数字音频处理。数字音频处理软件可以分为以下几种：

1. 音源软件

音源软件主要是针对数字音乐创作而言的。它是可以用来产生和模拟各种乐器或发声物的应用软件。音源软件中最核心的是音序器，其主要作用是把音乐元素或事件进行系列或序列编程。这类软件一直与 MIDI 音乐创作联系在一起。

（1）Cakewalk。

Cakewalk 是全世界使用率最高的专业作曲软件，其功能非常全面。使用 Cakewalk 不但可以制作 MIDI，还能录制音频；在歌曲伴奏制作完成后，通过 Cakewalk 的音频功能，可以将作者制作的歌曲伴奏录制成音频（WAV）文件，也可以在 Cakewalk 的界面下直接录制人声，将 MIDI 和音频文件混合编辑。

（2）FL Studio。

FL Studio 是一款音乐创作利器，能够让作者的计算机变成全功能的录音室。它首先提供了音符编辑器，可以根据音乐创作人的要求编辑出不同音律的节奏，如鼓、镲、锣、钢琴、笛、大提琴、筝、扬琴等。其次提供了音效编辑器，音效编辑器可以编辑出各类声音在不同音乐中所要求的音效，如各类声音在特定音乐环境中所要展现出的高、低、长、短、延续、间断、颤动、爆发等特殊声效。另外，它还提供了方便、快捷的音源输入，对于在音乐创作中所涉及的特殊乐器声音，只要通过简单外部录音后便可以在 FL Studio 中方便调用，音源的方便采集和简单的调用造就了 FL Studio 强悍的编辑功能。

2. 音频工作站软件

音频工作站软件可以完成对声音的录音、剪辑、混音合成和特效处理。

131

（1）Cubase。

Cubase 是德国著名的 Steinberg 公司出品的苹果、PC 双平台软件。虽然使用人数少于 Cakewalk，但它却更受专业人士的推崇。Cubase 在许多方面技术都比 Cakewalk 优秀，其录音、混音功能更加完善。

（2）Nuendo。

Nuendo 是 Steinberg 新推出的，它似乎是 Cubase 的变种版本。但它主要强调的是录音、混音和环绕声制作。

3. PC 机音频处理软件

PC 机音频处理软件可以使业余音频爱好者对数字音频进行录制与编辑。

（1）Windows 的录音机。

在 Windows 的附件中有一个录音用的"录音机"。录音机是一个最简单的声音采集和编辑工具。捕获现实世界中的环境声音，需要有声卡和话筒的支持。捕获的声音以 .wav 的波形文件保存。

使用录音机可以采集、混合、播放和编辑 .wav 声音文件，也可以将声音链接或插入到另一个文件中。通过下述方法可编辑、修改未压缩的声音文件：更改声音文件的音量，调整声音文件的质量，更改声音文件的格式，更改声音文件的速度，反向播放声音文件，在声音文件中添加回音，删除声音文件的一部分，将声音录制到声音文件中，将声音文件插入到另一个声音文件中，覆盖（混合）声音文件，撤销对声音文件的更改，将声音文件播入到文档中，将声音文件链接到文档中，等等。

（2）GoldWare。

GoldWare 是一个小巧但功能强大的数字声音编辑器，具有声音采集、播放、编辑、转换等多种功能。GoldWare 支持多种音频格式文件，如 WAV、VOC、IFF、AIF、AFC、AU、SND、MP3、MAT、DWD、SMP、VOX、SDS、AVI、MOV等。GoldWare 可以从视频文件或 CD、VCD、DVD 中抽取声音。同时 GoldWare 具有各种复杂的音乐编辑和特效处理功能，如一般的多普勒、回声、混响、降噪音特效功能和高级的应用公式计算，可以产生任何需要的声音效果等。

GoldWare 的特点有：用户界面可以定制、直观，使得操作更简便；支持多文件界面，可以同时打开多个文件，简化了文件之间的操作；根据编辑声音文件的短、长分别自动选择使用内存、硬盘，以提高编辑速度和效率；允许应用如倒转、回音、摇动、边缘、动态和时间限制、增强、扭曲等声音特效；提高如降噪器和突变过滤器等精密的过滤器，帮助用户必要时修复声音文件；具有能够将一种相同格式的声音文件转换为一种不同格式文件的批转换命令；批转换也支持将立体声转换为单声道，将 8 位声音转换为 16 位声音，以及它所支持文件类型其他属性的组合。在安装有 MEPG 多媒体数字信号编码器的情况下，还可以将原有声音文件压缩为 MP3 的格式，使输出文件更小、更紧凑。它的 CD 音乐提取能够将 CD 音乐抓取为一个声音文件，并且可以以 MP3 格式存储。它特有的表达式程序特效，支持从简单的声调到复杂的过滤器，理论上可以制造任意声音。其内置表达式有电话拨号等多种音的声调、波形和效果等。

（3）CoolEdit。

CoolEdit PRO 是由 Syntrillium Software Corporation 提供的，一个运行于 Windows 的具有多音轨数字音频启示、编辑和混频的软件。它能够进行数字录音、音乐编辑和 MP3 制作等。

CoolEdit PRO 允许同时处理多个音频文件，可以在处理的音频文件之间进行剪切、粘贴、合并、重叠声音操作。此外，CoolEdit PRO 支持多种可选择插件，具有自动静音检测和删除、自动节拍查找、录制等功能。CoolEdit PRO 可以生成包括噪音、低音、静音、电话信号等在内的多种声音。CoolEdit 提供的特效包括声音放大、降低噪音、声音压缩、扩展、回声、失真、延迟等。CoolEdit PRO 容易操作，是一个绘制音乐的程序，用它能够方便地"绘制"声音，如调节音调、产生颤音、噪声、调整静音等。CoolEdit PRO 可以进行各种声音文件的转换，如 AIF、AU、MP3、RawPCM、SAM、VOC、VOX、WAV、RealAudio 等文件格式。

（4）Cakewalke Pro Audio。

Cakewalke Pro Audio 是由 Twelve Tone Systems 公司提供的，运行于 Windows 环境下的一个音序器软件，用它可以组合各种音色，编辑和生成各种 MIDI 音乐。Cakewalke Pro Audio 是一个名副其实的 MIDI 作曲软件，功能强大，要学会用其作曲，不但要深入掌握软件使用中更深入的内容，还要有一定的乐理和音乐基础，有兴趣的读者请参考相关专业书籍。

5.3.5　数字音频处理

对音频进行处理，主要是为了使得到的声音效果能够满足人们听觉上的需要，只不过通过数字的方式可以使音频处理更加简便、更大众化。数字音频的技术操作具体可以归纳为以下六个方面的内容。

1. 数字录音

该技术操作是指通过数字方式，将自然界中的声源或者存储在其他介质的模拟声音，通过"采样—量化—编码"的方式变成计算机中或其他数字音频设备中能够识别的数字声音。

2. 数字音乐创作

该技术操作是指通过相关的数字音频创作工具，直接生成创作数字音频，通

133

常是数字音乐。

3. 声音剪辑

该操作旨在对数字音频素材进行裁剪或者复制。例如，将某个音频文件中的多余片段去掉，或者将重复的声音片段复制到该素材中的其他时间位置，或者仅仅是将两段声音按照顺序连接在一起。

4. 声音合成

声音合成也称为混音，声音合成是指根据需要，把多个声音素材叠加在一起，生成混合效果。这和声音剪辑中两段声音的连接是不一样的，两段声音的连接有时间的先后顺序，而声音的合成可以使两个声音在同一时间点上出现。

5. 增加特效

增加特效是指对原始的数字音频素材进行听觉效果的优化调整，以使其符合需要。例如，增加混响时间使声音更加圆润，增加回声效果、改变频率、增加淡入淡出效果或形成倒序声音效果，可使效果更加丰富。

6. 文件操作

对数字音频文件的操作是指对整个音频文件进行的操作，而非改变其音色和音效。例如，保存 WAV 文件，生成 MP3 文件，转换声音文件指标和文件格式，或者对数字音频文件进行播放、网络发布、光盘刻录等操作。

5.4 音频输出

数字化合成的声音分为两种，一种是语音合成，主要是指各种语言语音合成，用于各种场合的语音提示和文语转换；另一种是音乐合成，音乐合成主要是指 MIDI 音乐。

5.4.1 语音合成

语音合成是人工产生语音的过程，根据语音生成原理，现在的语音合成方法大致可分为三种类型：基于波形编码的合成、基于分析—合成法的合成、基于语音生成机理的合成。

1. 波形编码合成法

波形编码合成法首先把人们说的词或短语记录下来并存放在存储器中，若有一个句子要让机器读出来，则选择适当的词和短语单元，然后在连接处产生语音输出。用这种方法产生的语音，其质量受单元之间连接处的声学特性影响，连接处的声学特性包括谱包络、幅度、基频及速率。若存储和使用较大的语音单元，如短词和句子，那么合成产生的词和句子的种类和数量均受到限制，但合成语音的可懂度和自然度都比较好。相反，如果存储和使用的语音单元较小的话，那么合成语音的质量将大大降低，但合成产生的词和句子的范围较广。在这种合成法中，由于词或短语在不同句子中的音调不同，如疑问句、陈述句或感叹句，一个相同的词或短语往往要以几种不同音调的形式存储。

波形编码合成法产生的语音存在两个不足：一是用孤立词或短语连接的句子，产生的声音听起来觉得慢；二是句子的重单、节奏、语调听起来不太自然。

2. 分析—合成法

分析—合成方法是根据语音生成模型，把人们说的词或短语进行分析，抽取它们的特性参数，并按特性参数的时间顺序把参数存储起来。合成语音时，把恰当单元的参数序列连接起来，然后送到语音合成器产生语音输出。用这种方法产生的语音，虽然它的自然感稍差，但由于存储的是词或短语的特性参数，所以可以大大降低存储容量的要求。此外，单元连接处的语音特性可以通过控制特性参数来改善。分析—合成法存储的语音单元不是简单的原始语音，而是对词或短语进行压缩，存储的是特性参数。因此，从这个观点看，分析—合成法可以认为是波编码方法的一种高级形式。

3. 基于语音生成机理的合成法

基于语音生成机理的合成法是用电路模拟语音生成机理以产生合成语音，文献上介绍较多的有两种方法：一种是声道模拟法，模拟声波在声道上传播，把声道看成由许多管子串联的系统；另一种是终端模拟法，模拟声道的频谱结构，也就是谐振和反谐振特性，把声道看成是谐振腔。

5.4.2　音乐合成

音乐合成是由计算机音乐软件创作、修改和编辑的乐谱，通过合成器把数字乐谱变换成声音波形，再经过混音后送到音箱播放的乐曲。

1. 音乐合成中乐音的要素

（1）音高。

音高是指声波的基频，基频越低，给人的感觉越低沉。对于平均律（一种普遍使用的音律）来说，各音阶的对应频率如下表所示。

音频与频率的对应关系表

音阶	C	D	E	F	G	A	B
简谱	1	2	3	4	5	6	7
频率（Hz）	261	293	330	349	392	440	494

（2）音色。

音色是指具有固定音高和相同谐波的乐音，有时给人的感觉仍有很大的差异。比如人们能够分辨具有相同音高的钢琴和小提琴声音，正是因为它们的音色不同。音色是由声音的频谱决定的。各阶谐波的比例不同，随时间减少的程度不同，音色也就不同。各种乐器的音色是由其自身结构特点决定的，使用计算机模拟具有强烈真实感的旋律，音色的变化是非常重要的。

（3）响度和时值。

响度是对声音强度的衡量，它是听判乐音的基础。人耳对于声音细节的分辨与响度直接有关，只有在响度适中时，人耳辨音才最灵敏。如果一个音响度太低，就难以正确区别它的音高和音色；如果响度过高，也会影响差别的准确性。

时值具有明显的相对性，一个音只有在包含了比它更短的音的旋律中才会显得长。时值的变化导致旋律的行进，或平缓、均匀，或跳跃、颠簸，以表达不同的情感。

2. 音乐合成系统组成

（1）演奏控制器。

演奏控制器是一种输入和记录实时乐曲演奏信息的设备，主要用来产生演奏信息，但并不发出声音。用户可以用 MIDI 电缆把演奏控制器的输出端和声音合成器的输入端相连接。当用户用演奏控制器演奏乐曲或编制乐曲时，就可以把乐曲信息记录下来，或通过合成器和音箱播放出来。

（2）音源。

音源是音乐系统的核心，是具体产生声音波形的部分。有以下 3 种类型：

①数字合成音源。

数字合成音源由硬件芯片实现，常用的合成方法有调频合成，即 FM 合成。它使用波形发生器合成不同的声音，具有声音合成的任意性，即利用频率调制原理产生出各种频率的复合波形，以模拟各种乐器的声音，比如单簧管、吉他、鼓等。

②采样音源。

采样音源是一种真实声音片段的音源，它事先把真实乐器发出的声音，经采样、量化之后以数字形式记录下来，固化在声波速查表的 ROM 区域。采样音源以真实声音波形为基础，其音源具有音色真实、质量丰满的特点，合成的音乐基本上能达到以假乱真的效果。但是由于采样波形不能代表所有的真实演奏状态，而且音乐的音色在某种程度上还取决于演奏水平，所以采样音乐还是达不到演奏的临场感觉效果。

③物理模型化音源。

物理模型化音源与合成音源、采样音源有本质上的区别，音源中既没有波形发生器，也不存在采样波形，而是利用计算机强大的处理功能和高速的实时响应能力模拟各种演奏信息的相应波形。此时的音色不仅取决于乐器种类，而且与演奏状态和演奏技巧密切相关，所以在音源能根据收到的演奏信息模拟出相应声音的同时，音色会随演奏的变化而变化。

5.4.3 MIDI 音乐

MIDI 是 Musical Instrument Digital Interface 的缩写，即电子乐器数字接口。现在 MIDI 已经作为现代生活中的一个流行名词，泛指电子音乐。

1. MIDI 概念

MIDI 是音乐与计算机结合的产物，是乐器数字接口的缩写，泛指数字音乐的国际标准。MIDI 标准规定了不同厂家的电子乐器与计算机连接的电缆和硬件，指定了从一个装置传送数据到另一个装置的通信协议。这样，任何电子乐器只要有处理 MIDI 信息的处理器和适当的硬件接口都能变成 MIDI 装置。MIDI 靠这个接口传递消息而进行彼此通信，消息是乐谱的数字描述，乐谱由音符序列、定时和合成音色的乐器定义组成。当一组 MIDI 消息通过音乐合成芯片演奏时，合成器解释这些符号，并产生音乐。

2. MIDI 设备

MIDI 音乐的基本设备主要包括音序器、合成器、键盘、微处理器、控制面板等，接下来就分别说明这些基本设备。

（1）MIDI 音序器。

音序器又称声音序列发生器，是一种记录、编辑和播放 MIDI 文件的软件，是为 MIDI 作曲而设计的计算机程序。音序器将演奏者实时演奏的音符、节奏及音色变化等信息数字化后，按时间或节拍记录在计算机的存储器内。同时，音序器是一种音乐指令处理软件，可以根据用户的要求对 MIDI 文件进行修改、编辑和创作。音序器可以将记录在存储器内的 MIDI 信息或经过编辑修改好的 MIDI 信息送到合成器,合成器对声音进行合成后自动演奏播放。音序器也可以安装在合成器的内部与合成器构成整体,这时音序器称为作曲机。用户如果想自己创作音乐,就必须使用音序器和 MIDI 控制器,MIDI 控制器负责将音乐转换成 MIDI,音序器负责录制、编辑和播放。

音序器内具有若干条音轨,每条音轨用来存放一种乐器信息。不同乐器占用不同的音轨,可以单独进行编辑或修改,也可以单条音轨播放。当需要几种乐器合奏时,可以把相应几条音轨中构成音序的演奏数据传输到合成器,再经过混音器混音并输出。

(2) MIDI 合成器。

MIDI 合成器是将 MIDI 文件中的数字信号转换成声音波形的电子设备。目前常用的 MIDI 合成器有调频音乐合成器和波表合成器两种。合成器可以置于计算机内部,一般集成在声音卡上;也可以通过 MIDI 接口与计算机连接,称为外部合成器。根据合成器的功能可以将其分为基础级合成器和扩展级合成器。基础级合成器支持 3 种乐器和 6 种音符的复音,扩展级合成器支持 9 种乐器和 16 种音符的复音。高档的合成器可以支持 16 种乐器和 32 个(或 64 个)复音。

(3) MIDI 键盘。

演奏者使用键盘可以直接控制合成器的输出。每一次击键,就是向微处理器发出一个相应的信号,告诉它演奏的音符、持续的时间、演奏的音量,以及是否加入颤音等。键盘至少有 61 个键,能表示 5 个 8 度的音程。

(4) 微处理器。

微处理器的任务是接收和发送 MIDI 信息。微处理器通过 MIDI 键盘的动作判断演奏音符,通过控制板判断演奏者的控制命令,并存储这些 MIDI 指令。输出时,微处理器将指令送至合成芯片,由它解释这些指令并合成声音。

(5) 控制面板。

控制面板控制那些不直接由键盘产生的音符和与持续时间有关的其他量,如控制总音量的滑动条,控制合成器开关的按钮,以及一组确定声音生成器音调的声音选择按钮。还可以通过辅助控制器调节合成器的音调或加入特殊效果。

【思考题】

1. 声音的三个重要特性是什么?

2. 数字音频与模拟音频的区别是什么?

3. 说明声音的数字化过程。

4. 在确定数字化音频信号采样频率和量化位数时,分别需要考虑哪几方面的因素?

5. 常用的音频编辑软件有哪些? 各有什么特点?

6. 常见的音频文件格式有哪些? 请写出你所熟悉的音频文件格式。

7. 计算机音乐系统的核心是什么? 主要功能有哪些? 主要类型有哪些?

8. 音频信号有什么基本特征? 其特征与音频信号的应用有什么关系?

【实践题】

1. 掌握话筒、录音机的使用方法。

2. 了解磁带类录音设备、磁光盘类录音设备、硬盘类录音设备、数字调音台的基本功能和特性。

3. 了解 MIDI 设备的基本使用知识。

INTRODUCTION TO DIGITAL MEDIA

Digital
Video
Media

第 6 章

数字视频媒体

本章主要阐述视频的定义、分类，以及电视制式和电视
信号的基本知识，介绍数字视频媒体的采集设备，论述
了视频信息的数字化，包括视频获取、表示、处理与应
用等方面的内容，同时介绍了常见数字视频文件格式和
视频处理软件。

【本章学习要点】

人通过眼睛感知外部视觉信息，数字视频媒体与数字图像媒体、数字音频媒体一样，是数字媒体作品的重要组成部分，是数字媒体技术研究的重要内容。视频信息是连续变化的影像，是由现实世界捕获的运动画面和伴随着画面所捕获的音频信息的总称，其中运动画面部分称为视象，而伴随画面所捕获的音频信息称为伴音。数字视频媒体所表现的画面形象、直观，表现的场景非常复杂，但数据量大，因此，常常采用专门的硬件及软件对其进行获取、加工和处理，涉及数字视频信息的采集技术、编码技术、压缩技术、传输技术和显示技术等。

本章主要阐述视频的定义、分类，以及电视制式和电视信号的基本知识，介绍数字视频媒体的采集设备，论述了视频信息的数字化，包括视频获取、表示、处理与应用等方面的内容，同时介绍了常见数字视频文件格式和视频处理软件。通过本章的学习，学习者可以掌握数字视频媒体的基本概念、方法、技术与应用等知识，了解视频数字化的基本流程。

【本章内容结构】

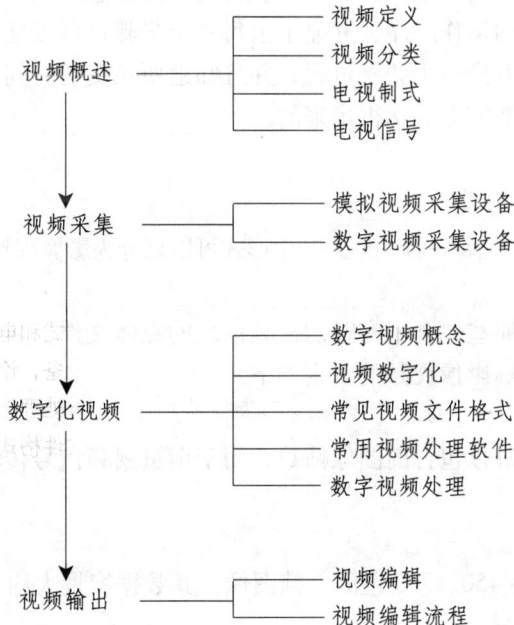

```
视频概述 ——┬—— 视频定义
            ├—— 视频分类
            ├—— 电视制式
            └—— 电视信号
   ↓
视频采集 ——┬—— 模拟视频采集设备
            └—— 数字视频采集设备
   ↓
数字化视频 ——┬—— 数字视频概念
             ├—— 视频数字化
             ├—— 常见视频文件格式
             ├—— 常用视频处理软件
             └—— 数字视频处理
   ↓
视频输出 ——┬—— 视频编辑
            └—— 视频编辑流程
```

141

6.1 视频概述

人通过眼睛感知外部视觉信息，有关统计资料分析表明，人类获取的信息中有83%源于视觉、11%源于听觉，而源于嗅觉和触觉等的其他信息仅仅占6%，视频、图像、图形、动画信息共同构成了电子信息世界中人的视觉信息。

6.1.1 视频定义

视频信号是指活动的、连续的图像序列。在视频中，一幅图像称为一帧，是构成视频信息的最基本单位。如果每幅图像之间的间隔足够短，图像从一帧到下一帧的过程便建立了运动的幻影，这就是视频。最普遍的视频形式是电影和电视。电影使用胶片来展示一系列的图像，电视使用一系列的电子化传输的图像。

视频既可以提供高速信息传送，也可以显示信息瞬间的相互关系。视频信息是由相继拍摄并存储的图像组成的。除了具有图像的高速信息传送特性外，由于加入了随同图像的时间因素，因而视频包含更多的信息。例如，人们可以自始至终地观看整个设备的运作顺序，并显示出每一个步骤；可以准确地看到每一个零部件的位置；可以看到整个调整过程，并且知道所花费的时间，这是用任何形式的书面材料都不可能完全表达得出来的。

6.1.2 视频分类

活动图像序列根据每一帧图像的产生形式可以划分为影像视频和动画两类。

1. 影像视频

影像视频是指那些包含了实时的视频信息的媒体文件，其特点是信息量大且信息冗余度高。影响影像视频的因素如下：

（1）帧速。

视频的帧速为每秒包含的图像帧数，用于衡量视频信号传输的速度，单位为帧/秒（fps）。

（2）数据容量。

分辨率为640×450、256色的一帧图像，其数据容量大约为0.3 B。

（3）视频的质量。

活动图像的视频质量取决于采样原始图像的质量和视频压缩数据的倍数。

2. 动画

动画是一种综合艺术门类，是工业社会中人类寻求精神解脱的产物，它是集合了绘画、漫画、电影、数字媒体、摄影、音乐、文学等众多艺术门类于一身的艺术表现形式。动画将相互关联的若干帧静止图像所组成的图像序列，按照一定的时间顺序显示出来，从而形成连续的动态画面。用计算机实现的动画分为帧动画和造型动画两种。

（1）帧动画。

由连续的画面组成的图像或图形序列，通过图像或图像之间的播放时间间隔，控制动画的速度。

（2）造型动画。

对每一个活动的对象分别进行设计，赋予每个对象一些特征，如形状、大小、颜色等，然后用这些对象组成完整的画面。造型动画的每一幅造型由造型元素的特定内容组成，造型元素由图像、声音、文字、调色板等构成，控制造型元素的剧本称为计分册。计分册是一些表格，控制动画中每一幅的表演和行为。造型动画的获取由专门的造型动画制作软件来完成。计算机制作动画时，只要做主动作画面即可，其余中间画面都可以由计算机进行内插来完成。

6.1.3 电视制式

电视可用不同的方式来实现，电视制式是实现电视的一种特定方式。电视制式就是用来实现电视图像信号和伴音信号或其他信号传输的方法、电视图像的显示格式，以及这种方法和电视图像显示格式所采用的技术标准。目前各国的电视制式不尽相同，制式的区分主要在于其帧频（场频）的不同、分解率的不同、信号带宽以及载频的不同、色彩空间的转换关系不同等。电视制式有很多种，当今世界普遍使用的彩色模拟电视制式有三种：NTSC 制、PAL 制和 SECAM 制。

1. NTSC 制

NTSC（National Television System Committee）制式也称为逐行倒相制式，它是美国国家电视标准委员会于 1952 年定义的彩色电视广播标准。这一制式为美国、加拿大等国家采用，韩国、日本、菲律宾和中国台湾也采用这种制式。NT-SC 的缺点是存在着相位敏感造成的彩色失真。

2. PAL 制

PAL（Phase–Alternative Line）制式也称为逐行倒相正交平衡调幅制。PAL 制式又细分为 G、I、D，它是西德于 1962 年制定的彩色电视广播标准。PAL 制式克服了 NTSC 制由于相位敏感造成的彩色失真的缺点。这一制式在德国、英国等多数

143

西欧国家以及中国、朝鲜等国家采用。我国采用 PAL – D 制式。

3. SECAM 制式

SECAM（Sequential Couleur Avec Memoire）制式也称为按顺序传送彩色与存储制，它是法国于 1966 年制定的彩色电视广播标准。这一制式在法国、苏联、东欧和非洲等地采用。SECAM 制式采用 YUV 差模型，色差信号采用频率调制，用时间分隔法来传送两个色差信号。

6.1.4 电视信号

电视信号是视频处理的重要信息源，电视信号的种类很多。

1. 全电视信号

全电视信号包括亮度信号和色差信号的视频信号、音频信号和同步信号在内的单一的一帧电视信号。

在彩色电视系统中把视频信号（图像信号）、复合同步信号和复合消隐信号合在一起，形成全电视信号，如图 6 – 1 所示。

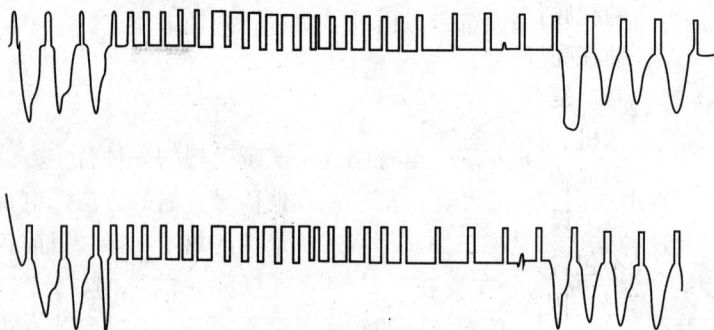

图 6 – 1 全电视信号

全电视信号是广播电视传送的信号。接收机解调出全电视信号后，便可用限幅的方法分离出同步信号，然后分别用微分和积分电路获得行同步信号和场同步信号，去控制产生扫描电流。全电视信号还可以用来控制显像管的电子束，只要是收、发两端的扫描规律一致，并且扫描与电子束控制配合得当，就可以重显图像。在电视机中，同步分离时要产生一些延时，消隐信号又多用自己产生的，若与视频信号配合不当，将影响图像质量。

我国广播电视标准规定：全电视信号中，各合成信号的电平关系是以同步信号电平作为100%，黑电平（即消隐电平）为75%，白电平为0，其他亮度的电

144

平介于 0 ~ 75% 之间，并随图像内容变化。以同步信号的幅值电平作为 100%，则黑电平和消隐电平的相对幅度为 75%，白电平相对幅度为 10% ~ 12.5%，图像信号电平介于白色电平与黑色电平之间。

2. 高频或射频信号

射频信号就是经过调制的、拥有一定发射频率的电波。在电磁波频率低于 100 kHz 时，电磁波会被地表吸收，不能形成有效的传输；但电磁波频率高于 100 kHz 时，电磁波可以在空气中传播，并经大气层外缘的电离层反射，形成远距离传输能力，我们把具有远距离传输能力的高频电磁波称为射频。

为了能够在空中传播电视信号，必须把视频全电视信号调制成高频或射频（RF – Radio Frequency）信号，每个信号占用一个频道，这样才能在空中同时传播多路电视节目而不会导致混乱。电视接收机在接收到某一频道的高频电视信号后，将全电视信号从高频信号中解调出来并且同步，这样在屏幕上重构电视图像和伴音。

3. 复合视频信号

复合视频信号，定义为包括亮度和色度的单路模拟信号，也即从全电视信号中分离出伴音后的视频信号，这时的色度信号还是间插在亮度信号的高端。由于色度信号仍然挺插在亮度信号的高端，因此在信号重放时很难恢复与原有色彩信号完全一致的色彩。复合视频信号带宽比较窄，只有水平 240 线左右的分解率。模拟电视机、录像机、摄像机一般都有复合视频输入和输出端口。复合视频信号可以通过电缆输入或输出到模拟电视机，与家用录像机、摄像机进行信号传输。复合视频端口在以上设备上以输入 Video In 和输出 Video Out 进行标注。解调后的视频信号已经不包含高频分量，处理起来更加容易。又因为复合视频信号中已经不含有音频信号，因此在进行视频信号传输和计算机视频采集时，在视频输入、输出的同时还必须有音频输入和音频输出，才能够得到完整的音频与视像。因此，有时也将这样的音频和视频信号称为 AV 信号，相应的端口也称为 AV 端口。

4. S – Video 信号

S – Video 也称为 S 端子或两分量视频信号。S – Video 将视频信号中的亮度信号和色差信号分成两路独立的模拟信号，其中一路是亮度信号，另外一路是色差信号。亮度信号和色差信号分离后，两种信号用两路导线传输，各自都有较宽的带宽。而且由于亮度和色差分别传输，减少了相互间的干扰，视像的水平分解率可以达到 420 线，远远大于复合视频信号的 240 线，因此与复合视频信号相比，S – Video 可以更好地重现色彩，其清晰度远远高于家庭用录像机录制的电视节目。S – Video 也只有和音频输入/输出配合才能得到完整的视像和伴音信号。两分量视频信号用于专业级录像机、摄像机和激光视盘 LD 等。

5. 分量视频信号

分量视频信号根据视频信号的用途和彩色模型的不同，可以是三基色分量视频，也可以是亮度和色差模型的分量视频。三基色分量视频信号是指将视频信号中的每个彩色分量 R、G、B 都用一路独立的信号传输。色差模型的分量视频信号是指将视频信号中的亮度作为一路，两个色差信号中的每个也各自用一路信号传输。

分量视频信号由于每一个分量都需要一路传输，因此与其他方式相比，其带宽要宽。但是分量视频信号传输也是最好的视频信号传输方式，这种方式往往用在广播级的视像设备上。

6.2 视频采集

数字媒体作品中的视频信息源有两种：模拟视频信息和数字视频信息。模拟视频信息来自电视信号、摄像机摄录的视频信息、录像带等。模拟视频信息必须转换为数字视频信息，才能够作为数字媒体作品中的构件使用，这一转换叫视频采集。与数字音频采集一样，数字视频的采集过程也是一个采样和量化的过程，只不过这个过程要比单纯的音频采集过程更为复杂，原因是图像本身就比声音信息量大，而且视频信息除图像采集外，又增加了画面运动信息和声音信息。

由于视频信息量远远大于音频信息，与单纯的音频信息相比，在采集过程中所采用的压缩编码算法会更加复杂。

6.2.1 模拟视频采集设备

模拟视频采集设备能够提供模拟视频信号，主要有：

1. 电视摄像机

各种制式的电视摄像机种类繁多，常用的有家庭用的价廉的摄像机，如图 6-2所示；也有性能和价格都比较高的专业级和广播级的电视摄像机。高级摄像机的分辨率比较高，伴音音频频带也非常宽。摄像机可以送出射频电视信号、视频电视信号和 R、G、B 等信号，用户可以根据需要选用。

图 6 - 2　电视摄像机

2. 录像机

目前录像机都可以传送模拟视频信号。它的种类繁多，有家用的较低档的录像机，如图 6 - 3 所示；也有专业级、广播级的性能和价格均较高的录像机。

图 6 - 3　录像机

录像机可输出射频信号，也可以输出全电视信号。有的录像机只输出一种制式的信号，而有的则可以输出三种制式的信号。当录像机播放录像带时，即可以获得模拟的视频信号。

3. 传真机

传真机可以利用电话线路直观、准确地传送图像和文字，操作简便。在发送端，传真机信号经过调制解调器加到电话线路上；在接收端，传真信号经过解调后可以进入计算机进行处理或由计算机处理后加到接收端的传真机下输出，如图 6 - 4 所示。传真机信号是经调制解调器的输出信号，也可以认为是视频信号。

147

图 6 – 4　传真机

6.2.2　数字视频采集设备

数字化视频采集设备是将来自摄像机、电视机等设备的模拟视频和音频信号，包括复合视频信号 AV、S – Video、分量视频信号和 DV 视频信号转换为数字视频文件的设备。数字视频采集设备可以直接提供数字化视频信号，而且许多设备提供的数字化信息是已经按某种标准压缩的视频信号。

数字化视频采集设备有多种分类方法，按照实时性，可以分成实时采集压缩编/解码卡和非实时采集卡；按照接口分类，分成内置和外置，内置插在计算机的母板上，外置通过 USB 口、1394 口与主机连接；按照与视频源的连接方式，有 AV 方式、S – Video 方式、1394 方式和 DV 方式等。这里按照功能级别高低，将数字化视频采集设备分为广播级、专业级和普通级三种。

在选择这些设备前，一定要明白视频源信号方式、所用计算机能够支持的接口方式、采集后所要达到的水平，以及是否在采集后进行编辑等因素。

1. 广播级

广播级主要应用于广播电视领域，图像质量高，性能全面，但价格较高，体积也比较大，根据使用目的的不同，它们又可以分为以下三种：

（1）演播室用摄像机。

演播室用摄像机如图 6 – 5 所示，主要工作于有利于摄像机工作的条件下，如照明强度、色温等适度。为了提高性能指标，通常采用尺寸较大的摄像器件。因此，它们的清晰度最高，信噪比最大，图像质量最好。当然，体积也大，价格也不是一般人能接受得了的。

图6-5　演播室用摄像机

（2）新闻采访（ENG）摄像机。

新闻采访摄像机如图6-6所示，其工作环境特殊，机器体积小、重量轻，便于携带，对非标准照明情况具有良好的适应性，在恶劣环境中（如工作温度大范围的变化）具有比较高的安全稳定性，还具有调试方便、自动化程度高、操控灵活、携带方便等特点，其图像质量比演播室用摄像机稍差，价格也相对便宜些。

图6-6　ENG摄像机

（3）现场节目制作（EFP）摄像机。

EFP摄像机如图6-7所示，其工作条件介于上述两种摄像机之间，性能指标也兼顾到这两个方面。它的图像质量与演播室用摄像机相近，但体积小一些，能满足轻便型现场节目制作的需要。

图6-7　EFP摄像机

149

近几年来，摄像机朝着高质量、固体化、小型化、自动化、数字化的方向发展，以上三种广播用摄像机之间已不存在明显的界限，如日本 Sony 公司的 BVP—70P 型 EFP 摄像机，无论是在便携式还是在演播室设备中，都代表了现代摄像机的技术水平。广播级摄像机的水平分辨率一般在 700 线以上，价格一般在十万到几十万元（人民币）之间。

2. 专业级

专业级如图 6-8 所示，一般应用在广播电视以外的专业电视领域，如电化教育、工业、医疗等。这种摄像机轻便，价钱便宜，图像质量低于广播级摄像机。专业摄像机紧跟广播级摄像机的发展，更新很快。尤其是近几年来，CCD 摄像器件质量水平有了很大提高，高档专业摄像机在性能指标等很多方面已超过过去的广播级摄像机，其清晰度、信噪比、灵敏度等重要指标，已和广播级摄像机没有多大区别，只是彩色还原性、自动化方面还略逊于广播级摄像机。专业级摄像机的水平分辨率一般在 500 线以上，价格一般在数万至十几万元（人民币）之间。

图 6-8　专业摄像机

3. 家用级

家用摄像机主要应用在图像质量要求不高的非业务场合，比如家庭、娱乐等，其水平分辨率约在 250 至 450 线，信噪比约 50 dB。这类摄像机体积小、重量轻，便于携带，有一定的隐蔽性，除了用于个人、家庭娱乐外，许多特殊条件下的拍摄也经常采用这种机型，比如体育特技摄像，机头可安装在主裁判的保护面罩上；摩托车比赛，小型摄像机安装在摩托车上，从运动员角度进行摄像、监视，等等。家用摄像机的最大特点是操作简单，价格便宜，在发达国家已普遍进入家庭消费，因而称之为家用摄像机。在要求不高的场合中，用它制作一般节目，刻录自己的 VCD、DVD，应是一种物美价廉的选择。家用摄像机的水平分辨率一般在 250 至 400 线，价格一般在数千元至万元（人民币）之间。

图 6 - 9　家用摄像机

6.3　数字化视频

随着信息化技术的不断发展，人们已经将数字化技术引入视频采集和制作领域，传统的视频领域正处于模拟化向数字化的变革阶段，利用数字化技术采集、存储、处理、传输、再现视频信号在很多领域都有广泛的应用前景。

6.3.1　数字视频概念

数字视频可以由模拟视频数字化得到，可以由计算机视频捕获得到，也可以直接来自数字视频源。无论何种方法得到的数字视频信息，最终在计算机上都必须以视频文件的格式存放、加工和处理，然后才能够在数字媒体作品中使用。

6.3.2　视频数字化

数字视频结合了图形和音频的特征，为数字媒体产品创建了动态的内容。数字视频的内容是计算机捕捉并数字化了的摄像机或电影胶片的信息。

1. 视频信息的获取

模拟视频信号的数字化是模拟视频信息进入计算机的第一步。这一过程通常是通过计算机上的视频采集卡在相应软件的支持下完成的。模拟视频源来自电视机、录像机、摄像机等模拟视频设备，模拟视频源的质量、采集卡的质量和支持软件共同决定了数字化的视频质量。数字视频结合了图形和音频的特征，为数字媒体产品创建了动态的内容。数字视频的内容是被计算机捕捉并数字化了的摄像机或电影的胶片。通过把图形、图像放在一起创建动画也可以获得数字视频。

模拟视频信号携带了由电磁信号变化而建立的图像信息，可用电压值的不同

151

来表示，数字视频信号则通过将视频中每个像素表示为二进制的颜色值，然后由计算机进行记录、存储和传输。因此，将模拟视频信号转换为数字视频信号必须进行模数转换，即 A/D 转换。转换后得到的数字化视频信号具有如下的优点：模拟信号要求屏蔽以便减少噪声干扰，而数字视频信号完全用 0 和 1 表示没有噪声；模拟信号对亮度、对比度和颜色等只能简单地进行调整，而数字视频信号可利用微处理器或集成电路方便地进行各种运算处理；模拟视频信号在传输过程中会产生信号损失，数字视频信号则可以通过网线、光纤等介质进行长距离传输而不产生损失，并且可以非常方便地实现资源共享。

2. 数字化视频采样过程

模拟电视信号的数字化需要将复合模拟视频信号或分量模拟视频信号经过脉冲调制编码完成，即取样、保持、量化和编码完成。复合模拟视频信号直接数字化，具有码率低、带宽窄、设备简单的特点。但是在这种方式下，数字化时取样频率必须与彩色副载波频率保持一定的关系，而不同电视制式的副载波频率各不相同，因此这种方式不便于各种制式的统一。加之复合编码时采样频率和负载频率之间的差拍干扰有可能落入图像频段，从而影响视频图像的质量，因此在数字电视中采用分量视频编码，而不是复合视频编码。

（1）采样。

数字化模拟视频的过程称为数字化视频采样。对彩色电视图像进行采样时，可以采用两种采样方法。一种是使用相同的采样频率对图像的亮度信号和色差信号进行采样；另一种是对亮度信号和色差信号分别采用不同的采样频率进行采样。如果对色差信号使用的采样频率比对亮度信号使用的采样频率低，这种采样就称为图像子采样。这是根据人的视觉系统所具有的两条特性：一是人眼对色度信号的敏感程度比对亮度信号的敏感程度低，利用这个特性可以把图像中表达颜色的信号去掉一些而使人察觉不到，因此可对每个采样点都采集亮度信号，而对多个采样点只采集一个色差信号就可以了；二是人眼对图像细节的分辨能力有一定的限度，利用这个特性可以把图像中的高频信号去掉而使人不易察觉，这样可以大大降低信息量，而不影响视频图像的质量。至于决定多少个采样点取一个色差信号，这取决于子采样的方法。

（2）数字化视频采样频率。

采样过程中的采样频率是决定数字化视频质量的重要指标。如表 6 - 1 所示，给出了几种 PAL 制式的采样频率、每行采样点数以及每帧图像的分辨率。

表6-1　数字化视频的采样方式

系统名称	采样频率/MHz	采样点数/行	图像尺寸
PAL CCIR601	13.50	864	720×576
PAL 方阵	14.75	944	768×576
PAL CCIR656	27.00	1 738	1 440×576

通常每个采样点的一个数字化信号用 8 位二进制数表示，这样对于彩色信号而言，无论是 YUV 还是 RGB 的彩色信号，都要用 24 位二进制来表示。当然，对于要求更高的专业级或广播级信号可以用更高的位数表示。采样频率和每个像素点的每个信号的位数决定了图像的信息量和质量。由于视频图像采用了 4∶3 的显示方式，所以 PAL 制方阵的图像大小是 768×576。

（3）采样标准。

20 世纪 80 年代，CCIR（国际无线电咨询委员会）制定了彩色电视视频图像数字化的 CCIR 601 标准，现在称为 ITU – R BT. 601 的标准，如表 6-2 所示。这一标准给出了彩色电视视频图像转换成数字视频图像时所采用的采样频率以及 RGB 与 YCbCr 彩色空间之间音质相互转换关系等。

表6-2　ITU – R BT. 601 视频分量编码参数

采样形式	采样频率	PAL/SECAM (625 行/50 Hz) 行取样点/行有效样点	NTSC (525 行/60 Hz) 行取样点/行有效样点	信号电平，量化级	子采样方式
Y	13.5	864/720	858/720	0~255，220 级	
Cr	6.75	432/360	429/360	16~235，225 级	4∶2∶2
Cb	6.75	432/360	429/360	128 + –112，16~240 级	
Y	13.5	864/720	858/720	0~255，220 级	
Cr	13.5	864/720	858/720	16~235，225 级	4∶4∶4
Cb	13.5	864/720	858/720	128 + –112，16~240 级	

（4）编码。

所谓分量视频编码，是指将视频信息的 R、G、B 分量，Y、U、V 分量，或者 Y、Cr、Cb 分量，然后对其分别进行采样、保持、量化和编码。这样做的优点是：便于各种电视制式的统一；可以选择 NTSC、PAL、SECAM 这三种制式行频 525/60 和 525/50 的公倍数 2.25 MHz 的 6 倍频 13.5 MHz，作为统一采样频率；便于对分量信号采用时分复用的方式，避免干扰，从而获得高品质的视频信号。同时，分量编码便于采用 4∶2∶2 的子采样格式以减少带宽，这也是 CCIR 601 标准所建议的。

（5）数字化视频的信息量。

视频采集被用来数字化视频模拟信号，并将之转换为计算机图像视频信号。记录视频的数字信号需要大量的磁盘空间。

在不考虑音频信号的情况下，如果按照每秒 30 帧，每帧为中分辨率的彩色图像 640×480 像素，每个像素用 24 位二进制位表示，则每帧需要约 0.878 9 MB 的存储空间，如果存放在 650 MB 的光盘上，每张光盘也只能播放 24 s。计算如下：

640×480×24 b/8 b = 921 600 B = 921 600/（1 024×1 024）MB = 0.878 9 MB

30 帧/秒×0.92 MB/帧×24 秒 = 662.4 MB

由此可见，如果将模拟视频信息按照这种方式数字化后存储在计算机上，将占用非常巨大的磁盘空间，这是所有用户都无法接受的。因此，庞大的信息量是当前计算机处理视频能力的最大障碍，为此必须在图像精度、色彩深度、帧尺寸方面进行折中，采用适当的方法进行视频数据的压缩，以减少视频数据的信息量，这样才能够让数字化视频采集技术走向实用。

（6）数字化视频的质量。

模拟视频变为数字视频再现，需要经过以下步骤：源图像→视频采集→压缩编码→传输→接收→解码→再现。在这个过程中，最终决定再现图像高质量的因素是源图像的质量。由于在以上过程中的视频采集、压缩编码、解码都是有损失的，无论采用何种采样方法、采用何种高级压缩编码方法，无论编码所采用的码率有多大，无论采用什么传输方法，经压缩编码再解码以后的图像的质量绝对不会超越源图像的质量。这是因为采集到的图像信息的最大分辨率不可能超越源图像的分辨率，压缩图像的分辨率不可能超越采集到的源图像的分辨率，传输信号的最大分辨率不可能超越压缩图像可达到的最大分辨率，接收图像的分辨率不可能超过传输来信号可能达到的最大分辨率。因此，数字化后再现视频图像最高质量的直接因素是源视频图像的质量，同时也受采集、压缩编码、解码的有损程度影响。

6.3.3　常见视频文件格式

通过视频信号数字化处理，把摄像机、录像机、激光视盘等彩色全电视信号数字化后，以文件的形式存储到计算机中。下面介绍一些主流的视频文件格式。

1. AVI 文件格式

AVI（Audio Video Interleaved）是 Microsoft 公司开发的一种符合 RIFF 文件规范的数字音频视频交错格式，将语音和影像同步组合在一起。它对视频文件采用了一种有损压缩方式，但压缩比较高，因此尽管画面质量不是太好，但其应用范围仍然非常广泛。AVI 支持 256 色和 RLE 压缩。AVI 信息主要应用在多媒体光盘上，用来保存电视、电影等各种影像信息。

AVI 可以将视频和音频交织在一起进行同步播放。这种视频格式的优点是图像质量好，可以跨多个平台使用，其缺点是体积过于庞大，而且更加糟糕的是压缩标准不统一，最普遍的现象就是高版本 Windows 媒体播放器播放不了采用早期编码编辑的 AVI 格式视频，而低版本 Windows 媒体播放器又播放不了采用最新编码编辑的 AVI 格式视频，所以在进行一些 AVI 格式的视频播放时常会出现由于视频编码问题而造成的视频不能播放或即使能够播放，但存在不能调节播放进度和播放时只有声音没有图像等一些莫名其妙的问题，如果用户在进行 AVI 格式的视频播放时遇到了这些问题，可以通过下载相应的解码器来解决。AVI 文件格式是目前视频文件的主流。这种格式的文件随处可见，比如一些游戏、教育软件的片头，多媒体光盘等，都采用 AVI 文件格式。

2. RealMedia 文件格式

RealNetworks 公司的 RealMedia 包括 RealAudio、RealVideo 和 RealFlash 三类文件：

（1）RealAudio。

RealAudio 是一种新型流式音频 Streaming Audio 文件格式，包含在 RealMedia 中，主要用于在低速的广域网上实时传输接近 CD 音质的音频信息。RealAudio 主要适用于网络上的在线点播、转播，或是聆听站台所提供的即时播音，并且能随着网络带宽的不同而改变声音的质量，在保证大多数人听到流畅声音的前提下，令带宽较宽敞的听众获得较好的音质。

（2）RealVideo。

RealVideo 文件是 RealNetworks 公司开发的一种新型的、高压缩比的流式视频文件格式，主要用来在低速率的广域网上实时传输活动视频影像，可以根据网络数据传输速率的不同而采用不同的压缩比率，从而实现影像数据的实时传送和实时播放。RealVideo 除了可以以普通的视频文件形式播放之外，还可以与 RealServer 服务器相配合，在数据传输过程中边下载边播放视频影像，而不必像大多数视频文件那样，必须先下载然后才能播放。目前，Internet 上已有不少网站利用 RealVideo 技术进行重大事件的实况转播。RealVideo 格式文件包括后缀名为

RA、RM、RAM、RMVB 的四种视频格式。

（3）RealFlash。

RealFlash 文件是 RealNetworks 与 Macromedia 公司联合推出的一种高压缩比的动画格式。

RealMedia 文件格式使得 RealSystem 可以通过各种网络传送高质量的数字媒体内容。第三方开发者可以通过 RealNetworks 公司提供的软件开发工具包（Software Development Kit，SDK）将它们的媒体格式转换成 RealMedia 文件格式。

3. Windows Media 文件格式

在意识到网络流媒体之于互联网的重要性之后，Microsoft 立马就推出了 Windows Media 与 RealMedia 相抗衡。Windows Media 也是一种网络流媒体技术，本质上跟 RealMedia 是相同的，但 RealMedia 是有限开放的技术，而 Windows Media 则没有公开任何技术细节。

Windows Media 视频文件主要有 ASF 格式和 WMV 格式两种：

（1）ASF 格式。

ASF（Advanced Streaming Format，高级流格式）是 Microsoft 公司 Windows Media 的核心，是一种包含音频、视频、图像以及控制命令脚本的数据格式。

ASF 是一个开放标准，依靠多种协议在多种网络环境下支持数据的传送。同 JPG、MPG 文件一样，ASF 文件也是一种文件类型，但它是专为在 IP 网上传送有同步关系的多媒体数据而设计的，所以 ASF 格式的信息特别适合在 IP 网上传输。ASF 文件的内容既可以是我们熟悉的普通文件，也可以是一个由编码设备实时生成的连续的数据流，所以 ASF 既可以传送人们事先录制好的节目，也可以传送实时产生的节目。

ASF 用于排列、组织、同步多媒体数据以利于通过网络传输。ASF 是一种数据格式，它也可用于指定实况演示。ASF 最适于通过网络发送多媒体流，也同样适于在本地播放。任何压缩/解压缩运算法则（编解码器）都可用来编码 ASF 流。

（2）WMV 格式。

WMV 是微软推出的一种流媒体格式，由 ASF 格式升级延伸得来。在同等视频质量下，WMV 格式的体积非常小，因此很适合在网上播放和传输。

由于 Microsoft 公司本身的局限性，其 WMV 的应用发展并不顺利。第一，WM9 是微软的产品，它必定要依赖 Windows，Windows 意味着解码部分也要有 PC，起码要有 PC 机的主板。这就大大增加了机顶盒的造价，从而影响了视频广播点播的普及。第二，WMV 技术的视频传输延迟非常久，通常要十几秒钟，正是由于这种局限性，目前 WMV 也仅限于在计算机上浏览 WM9 视频文件。

156

4．QuickTime 电影文件格式

Apple 公司的 QuickTime 电影文件已经成为数字媒体领域的工业标准。Quick-Time 文件格式定义了存储数字媒体内容的标准方法，使用这种文件格式不仅可以存储单个的媒体内容，如视频帧或音频采样，而且能够保存对该媒体作品的完整描述。QuickTime 文件格式可以适应与数字化媒体一同工作需要存储的各种数据，是程序间（不管运行平台如何）交换数据的理想格式。

QuickTime 文件格式中媒体描述和媒体数据是分开存储的。媒体描述叫电影，包含轨道数目、视频压缩格式和时间信息；同时还包含媒体数据存储区域的索引。媒体数据是所有的采样数据，可以与 QuickTime Movie 存储在同一个文件中，也可以存储在一个单独的文件或几个文件中。

5．MPEG 文件格式

MPEG（Moving Picture Experts Group）是压缩视频的基本格式，以这种压缩算法记录的视频称为 MPEG 文件，通常有 .mpg 的文件后缀。MPEG 还有两个变种：MPV 和 MPA，MPV 只有视频不含音频，MPA 则只记录音频没有视频。

6.3.4　常用视频处理软件

数字视频编辑是以视频编辑软件为依托，当前市场上的数字视频软件系统种类繁多，性能及特点各有不同，并且个人的编辑习惯和风格也不同，因此，有必要对这些主流的编辑软件有一个全面的了解。

1．Vegas

Vegas 是 PC 平台上用于视频编辑、音频制作、合成、字幕和编码的专业产品。它具有漂亮、直观的界面和功能强大的音/视频制作工具，为 DV 视频、音频录制、编辑和混合、流媒体内容作品和环绕声制作提供完整集成的解决方法。Vegas 4.0 为专业的多媒体制作树立了一个新的标准，应用高质量切换、过滤器、片头字幕滚动和文本动画，创建复杂的合成，关键帧轨迹运动和动态全景/局部剪裁，具有不受限制的音轨和非常卓越的灵活性。利用高效计算机和大的内存，从时间线提供特技和切换的实时预览，而不必渲染。Vegas 4.0 充分结合特效、合成、滤波器、剪裁和动态控制等多项工具，提供数字视频流媒体，成为 DV 视频编辑、数码影像、多媒体简报、广播等用户解决数字编辑的方案。

2．Canopus Edius

Canopus Edius 提供的是有趣、快速、易用的视频编辑环境。首先，它拥有直观的界面，而且为视频爱好者提供了强大的编辑控制功能，包括支持超过 10 个字幕和 10 个音频轨道功能；16∶9 编辑、波纹编辑及先进的素材剪切；拥有素材

库故事板，它让用户能够简单地管理项目中所有不同类型的视频、音频甚至是数字静态图像素材。第二，它拥有能够记录画外音的功能，只需要一个与 PC 相连的话筒，就可以快速地为视频记录旁白。记录画外音功能可以回放项目，同时把音频直接录制到时间线上。第三，它拥有实时视频滤镜和特效功能。应用滤镜有助于改善电影片段的色彩和亮度，制作出更有创意和更复杂的效果。Canopus Edius 提供超过 100 个不同的实时转场供选择，有适合任何类型项目的转场特效，有简单的基于 2D 的特效，还有更多有创意的基于 3D 的转场。每一个转场效果都有一个控制面板，可以用来自定义各种特性，包括方向、速度甚至是三维物体的实时照明和阴影。

3. Adobe Premiere

Adobe 公司推出的基于非线性编辑设备的视/音频编辑软件 Premiere 已经在影视制作领域取得了巨大的成功。现在被广泛地应用于电视台、广告制作、电影剪辑等领域，成为 PC 和 MAC 平台上应用最为广泛的视频编辑软件。Premiere 6.0 完善地解决了 DV 数字化影像和网上的编辑问题，为 Windows 平台和其他跨平台的 DV 和所有网页影像提供了全新的支持。同时它可以与其他 Adobe 软件紧密集成完整的视频设计解决方案。

Premiere 软件为家庭视频编辑提供了创造性操作和可靠性的完美结合。它可自动处理冗长乏味的任务。用户可以轻松地将镜头直接转移到时间线编辑，利用菜单和场景索引即可快速编辑所拍摄的镜头、添加有趣的效果，并创建自定义 DVD。它唯一的缺点就是对系统配置要求较高，特别是对 MOV、MPG 格式的文件，或者文件比较大时，编辑速度非常慢。

4. Ulead Video Studio 绘声绘影

Ulead Video Studio 绘声绘影是一套专为个人及家庭所设计的影片剪辑软件。具有图像抓取和编辑功能，可以抓取、转换 MV、DV、V8TV 和实时记录，并提供超过 100 种的编制功能与效果，可制作 DVD、VCD、CD 光盘，并支持各类编码。9.0 新版本功能更为全面，操作更容易上手，提供了三种不同的编辑模式，以适应不同制作水平的初学者和制作高手。

操作简单、功能强大的绘声绘影编辑模式，从捕获、剪接转场、特效、覆叠、字幕、配乐到刻录，让用户全方位剪辑出好莱坞式的家庭电影。其成批转换功能与捕获格式完整支持，让剪辑影片更快、更有效率；画面特写镜头与对象创意覆叠，可随意制作出新奇百变的创意效果；配乐大师让影片配乐更精准、更立体；同时酷炫的 128 组影片转场、37 组视频滤镜、76 种标题动画等丰富的效果，让影片精彩有趣。

5. Speed Razor

Speed Razor 是 Windows 完全多线程非线性视频编辑合成软件，提供全屏幕未压缩的品质视频、完全场渲染的 NTSC 或 PAL 制。它具有不受限制的音/视频层，以及 DAT 品质输出的高达 20 音频层的实时声音混合。它几乎可同所有的编辑硬件一道工作，提供实时双流媒体的或单流媒体的配置。Speed Razor 的主要特性包括精确到帧的批量采集和打印到磁带、大量的快捷键、单步调整方法、不受层限制的合成、高达 20 个音轨的实时多通道音频混合、CD 或 DAT 品质立体声输出及可以将作品发送到网站上。

6. Fred Edit DV

Fred Edit DV 是 Windows 2000 平台上的一种短小精悍的膝上型编辑设备，可以直接处理 DV 数字视频信号，是不需要任何视频硬件支持的纯软件编辑系统，用户只需一个 IEEE 1394 接口与设备连接，就能独立完成 DV 素材的采集、编辑、录制等非线性系统所能完成的工作。Fred Edit DV 首次在编辑中引入的 ID 号的概念，用户可以通过自定义 ID 号快速找到需要的素材。Fred Edit DV 为用户提供了字幕模板功能，用户可以直接加到编辑线上，并且可以在编辑线上修改字幕内容。

7. Final Cut Pro

Final Cut Pro 是一款功能不错的视频制作软件，提供了功能丰富的开发环境，支持同时打开多个项目，并且可以重复使用其中的组件。它的界面带有四个窗格：Browser（浏览器）、Timeline（时间轴）、Viewer（查看器）和 Canvas（画布）。Apple 还提供了一个与上下文相关的 Edit Overlay（编辑覆盖）工具条，能让人们更方便地选择插入、覆盖、填充等编辑操作。还可以根据 DV 的时间码自动把捕获的文件划分成不同的场景。缺点是对视频处理不太熟悉的人群即便在观看了用户指南 DVD 之后，仍然会感觉该程序比较难用。而且 Apple 公司的大多数特效都没有提供关键帧功能，因此无法调整时间值，这使得此款软件具有很大的局限性。

8. Avid Xpress Pro HD

Avid Xpress Pro HD 是一款功能全面的 HD、SD、DV 和影片编辑环境，而且是为每款 Avid 系统所配备的最佳的便携式编辑器，专为独立影片制作人和视频制作人设计的，具有强大的实时视频、音频和影片编辑工具，适用于电视剧制作、专题制作、新闻快速剪辑等各种制作需求。拥有业界最先进、便捷的剪辑功能，以及专业的色彩修正工具等。目前几乎所有的电影大片和在黄金时段所播出的电视节目都是采用业界标准的 Avid 系统创作的。

159

拥有 Avid Xpress Pro HD，可以获得全球最富经验的编辑团队的协助。内置的一致性意味着可以在 Avid Media Composer、Avid Symphony Nitris 和 Avid DS Nitris 系统上快速高效地进行后期制作，无须重建工作流。并且，还可以轻松地将项目素材发送到 Digidesign Pro Tools，进行音频后期处理。另外，无可匹敌的图形和特效 Avid Marquee 是业界最为完整的，整合式 2D 和 3D 字幕与图形动画工具集，具备异常强大的色彩校正工具，包括特有的曲线图表和一触式自动校正功能，可以更为快速地创作出更好的图形作品。

9. **大洋**

（1）D3 - Edit HD 广播级高标清非线性编辑系统。

D3 - Edit HD 广播级高标清非线性编辑系统依托于大洋 20 年来在广电后期制作领域中积累的丰富经验，以强大的广播级高清与标清视音频处理能力，为客户提供从 DV 到 HD 的完整解决方案。D3 - Edit HD 非线性编辑系统具有顶级的信号处理能力，采用 RedBridge Ⅲ 卡，该卡是大洋久负盛名的 RedBridge 广播级视音频板卡家族中首款支持 HD - SDI 的板卡，也是国内第一块自主研发的支持 HDTV 的广播级视音频板卡。该编辑系统具有一流的实时性能，可以将任意分辨率的高标清素材混合编辑，也可以将任意格式的高标清素材混合编辑，是一款全新三维图文动画创作工具，此外，该系统还具有强大的音频处理能力。

（2）D3 Censor System 大洋第三代审片系统。

D3 Censor System 审片系统是大洋公司 2009 年倾力推出的新一代综合节目内容审片系统，该系统在传统线性审片方式以及非线性审片软件的基础上，强化了统一审片系统的概念，使审片业务从制作业务中分离，通过对审片系统的独立部署，降低了制作系统的负担，增强了审片业务的灵活性。该系统拥有智能逻辑控制中心，支持统一的审片业务管理，结构上采用"中心＋多客户端"的构架方式，由中心端统一接收、管理审片任务，通过转码、加密、流程逻辑处理等核心环节，再由分发子系统将任务发送到审片终端进行审看。此外，该系统还支持高标清节目审看。

（3）D3 - CG Live 图文动画创作播出系统。

D3 - CG Live 以其高性能的渲染引擎、灵活的播出机制、绚丽的三维效果及全面的视频接口，支撑和推动着现场直播节目的发展。D3 - CG Live 适应直播业务模式，支持主播、预监双通道模式，在一个镜头播出的同时可通过独立的预监通道实时动态浏览待播镜头，全面保证播出效果与内容的安全性。同时还具备 ID 号搜索镜头功能，字幕员能快速通过键盘 ID 号从播出列表中定位和调用播出镜头，并通过热键设定进行实时播出，有效提升工作效率。D3 - CG Live 充分利用三维物件、三维光效、动态材质、直通视频 DVE、视频素材等多种方式实现对直播节目的全方位视觉包装，全面提升视觉效果。对于突发新闻或紧急插播新闻，系统支持制播并行工作功能，即在一个镜头不停止播出的同时可以制作或修改下一个镜头的内容，从而提高了新闻的时效性。D3 – CG Live 的播出器支持用户自定义播出层，一个字幕员、一台设备即可快捷、方便地实现多个镜头的独立播出控制，实现字幕标题、各类 LOGO、实时信息滚屏、时钟台标和唱词的独立控制入出屏。D3 – CG Live 极大地降低了操作的复杂性，可以实时动态更新数据，具有丰富的 I/O 接口和专业的外挂插件。

（4）D3 – Weather 天气预报节目制作播出系统。

D3 – Weather 将专业的气象制作模块与非线性编辑融于一体，提供了专业的气象节目制作平台，既保证了快速、高效的专业节目制作，又大大提高了节目的可视性，使制作人员从容面对批量的节目生产。D3 – Weather 将专业的气象制作模块与非线性编辑融合于同一系统中，让制作人员从容应对批量的节目生产。D3 – Weather 将专业的气象模块、非线性编辑、字幕编辑整合于一体，提供了云图动画、等值线、城市天气、指数信息、海洋信息等多种专业气象预报模块，通过大洋强大的非线性编辑和字幕功能将这些专业气象内容以丰富的形式表现和传达出来，实现了气象预报与视音频及字幕效果的完美融合。D3 – Weather 通过网络自动读取每天更新的标准气象电码文件，并批处理完成所有天气预报信息的更新。进入软件，点击更新数据按钮，几秒钟后一档天气预报节目即可自动生成。如此高效、快速的制作方式让制作人员从容应对天气预报节目的批量生产。

10. Sobey 的 E7 2.0 高标清一体化编辑平台

Sobey 新一代的桌面系统 E7 系列产品，是高标清时代的理想的非线性编辑平台，全新构筑在高性能的高标清非线性图文视频编辑引擎之上，侧重于灵活丰富的节目编辑效果，同时具备节目复杂合成能力，适用于广电级后期编辑设备的各级专业领域。E7 系列产品采用全开放式的系统构架，良好支持多种国内外先进的高标清 IO 板卡，具备全面的高标清采集和编辑格式。高标清全兼容、全功能、高效率、网络化是 E7 家族共同的核心特征。

11. 新奥特

（1）Himalaya Xtreme 系列高端非线性编辑系统。

Himalaya Xtreme 是一款高标清通用、高性能的多媒体编辑平台，属于高端应用系列，该系统在硬件上搭载广播级 Matrox DSX LE 板卡和接口盒，具备优秀的稳定性、特技的开放性及硬件加速效果，10 比特无压缩高质画面的支持，使其在高清视频节目的制作上一直占据业界领先的地位。

161

（2）Mariana.5D 在线图文包装系统。

Mariana 系列产品采用新奥特自主研发的三维图形图像渲染引擎作为系统的核心，这套渲染引擎基于计算机图形卡的 GPU 技术实现，通过采用多项关键技术，实现了在线图形包装技术发展质的飞跃。系统支持高质量实时三维渲染，将三维场景、字幕与视频无缝结合，同时支持多路实时输入视频 DVE、场景状态平滑切换的动感控制、条件运算控制的实时数据修改等特性，并通过网络化流程控制及数据控制支持与节目制作和演播室网络全面打通。Mariana.5D 为电视节目的制作播出提供了新的技术手段，为内容创作和包装效果的创意发挥开拓了新的空间，同时保障了便捷、稳定、安全的电视图文包装和节目制播。

（3）Mariana.VS 真三维虚拟演播室系统。

Mariana.VS 真三维虚拟演播室系统是新奥特公司精心打造的全新一代虚拟产品，结合三维虚拟演播室技术、三维图文技术、数据库技术，在 NASET 虚拟演播室基础上开发的全新一代高性能、高稳定性的三维虚拟演播室系统，突破原有虚拟演播室在渲染能力和质量上的限制，实现了质的飞跃。Mariana.VS 的"十大独有核心技术"包括：

①创新技术、自主产权、高端高效渲染引擎。

②高质量的渲染效果。

③智能识别快速定位跟踪技术。

④多元素、多图层可选择性跟踪技术。

⑤有机的"制"、"播"分离和集合技术。

⑥全三维"多元素"高效融合技术。

⑦多效视频处理技术。

⑧动态数据库技术。

⑨灵活的平台共享和兼容技术。

⑩多领域实用性。

（4）玛里喀梭（Marikasao）非线性编辑系统。

玛里喀梭（Marikasao）非线性编辑系统是一款全中文、高质量、多格式内嵌"A8"字幕的专业非线性编辑系统。作为新奥特非编家族的新成员，玛里喀梭非线性编辑系统硬件采用加拿大进口高质量视音频板卡，软件延续了新奥特第三代非编的多格式混编，超实时输出功能，内嵌神笔字幕图文创作软件。同时系统还秉承"CPU + GPU + I/O 通道卡"的技术理念和架构，使得玛里喀梭非线性编辑系统可以灵活面对各种复杂的业务环境，稳定运行于各种工作站以及 PC。玛里喀梭非线性编辑系统还专为教育机构、宣传部门、独立工作室、婚纱影楼、个人发烧友以及小型电视台等行业用户量身订制了各类字幕特技模板、动态素材等，满足人们全方位立体化的需求，使人们在制作电视节目、纪录片、企业宣传片、网络流媒体文件上更加得心应手。玛里喀梭非线性编辑系统包括有卡系列产品（HDV、SD 全面支持的专业应用）和无卡系列产品（低成本、灵活组网应用），涵盖了从单机应用到低成本网络解决方案的全套制作流程，提供给用户各种选择与搭配组合空间，完全可以适应各种不同应用领域的需求。

6.3.5 数字视频处理

数字视频处理是指使用相关的硬件和软件在计算机上对视频信号进行接收、采集、编码、压缩、存储、编辑、显示和回放等多种处理操作。视频处理的结果使一台多媒体计算机可以作为一台电视机来观看电视节目，也可以使计算机中的 VGA 显示信号编码为电视信号，在电视机上显示计算机处理数据的结果。

1. 视频采集

视频信号的采集是在一定的时间，以一定的速度对单帧视频信号或动态连续地对多帧视频信号进行接收、采样后形成数字化数据的处理过程。

（1）单幅画面采集。

单幅画面采集时，将输入的视频信息定格，并将定格后的单幅画面采集到的数字以多种图形文件格式进行存储。

（2）多幅连续采集。

多幅连续采集时，可以对输入的视频信号实时、动态地接收和编码压缩，并以文件形式加以存储。对于一般连续视频画面，可以根据视频源制式采用 25 ~ 30 f/s 的采样速度对视频信号进行采样。对于电视、电影等影像视频来说，在对视频信号采集的同时必须采集同步播放的音频数据，并且将视频和音频有机地结合在一起，形成一个统一体，并以音频、视频交错格式进行存放。

2. 国际三大数字视频标准

（1）ATSC 标准。

ATSC 标准是 1996 年 12 月由美国 FCC（Federal Communications Commission，美国联邦通讯委员会）认可并宣布的美国数字电视标准。这一标准是由美国国内外 100 多个电视技术公司组成的高清晰度数字电视联盟（ASTC）提出的，ASTC 标准是以地面电视广播为主、电缆传输为辅的 SDTV 和 HDTV 系统标准。ASTC 数字电视标准由四个独立的层构成，层与层界面清晰。第一层是视像层，视像层包括图像的格式、像素阵列、图像宽高比、帧频等。第二层是视频压缩层，规定采用 MPEG - 2 视频压缩标准和 DolbyAC - 3 音频压缩标准。这两层用来确定在通

163

用数字传输基础上所传输的特定数字电视是 STDV 还是 HTDV，而且是 STDV 的 12 种格式和 HTDV 的 6 种格式中的哪一种。第三层是系统复用层，采用 MEPG-2 系统标准，不同的数据纳入不同的数据压缩包，如视像数据、声音数据、辅助数据等。第四层是传输层，确定数据传输的调制方法和信道编码方案。后面这两层共同确定和承担通用数据的方式。

（2）DVB 标准。

数字电视不可抗拒的优势使得欧洲最终放弃了 HD-MAC 数字与模拟混合方案，转向全数字电视方案。1995 年，欧洲成立了由 30 多个国家的 230 多个成员组成的 DVB 联盟组织，并合作开发了数字视频广播 DVB 项目，且在全球范围内发展和推广相应的数字电视广播标准。DVB 标准的传输方式较 ATSC 标准更加广泛，其传输方式涉及数字卫星、数字有线广播、数字地面广播、卫星共用天线广播、10 GHz 以上的数字广播 MMDS 分配系统、10 GHz 以下的数字广播 MMDS 分配系统。

（3）ISDB 标准。

ISDB 是日本数字广播专家组 DIBEG 制定的数字广播系统标准。这一标准主要适用于日本地区。ISDB 标准是在 ATSC 和 DVB 之后开发的，视频编码也采用 MPEG，传输方案采用的是 COFDM。ISDB 应用一种标准化的复用方案，在普通的传输信道上发送各种不同的信号，同时已经复用的信号也可以通过各种不同的传输信道发送出去。ISDB 更多地考虑了数字广播新业务的特点，在音频编码、数据复用、时间频率调制等方面自行设计成专用体系。该体系具有柔性、可扩充、共通性等特点，能够方便地组合发送多电视节目和其他数据业务。

3. 编码压缩

数字化视频信号的数据量极大，而对于数字媒体系统来说，要求海量存储容量和实时传输技术，因此，对视频信号进行编码压缩处理是减少数字化视频数据量的有效措施。在视频采集和数字化进程中，对画面进行实时压缩，而在存储的视频数据进行回放的过程中，对画面进行解压缩处理，以适应计算机内视频数据的存储和传输的要求。

4. 视频转换

视频转换主要是针对两种不同系统的颜色空间、帧格式及数据格式的互相转换处理。主要包括以下三方面：

（1）颜色空间的转换。

（2）帧格式转换。

（3）数据格式转换。

6.4 视频输出

视频是运动的图像，既可提供高速信息传送，也可显示瞬间的相互关系，视频由相继拍摄并存储的图像组成。在对视频信号进行数字化采样后，用户可以对它进行编辑出版、加工，以达到用户的应用要求。

6.4.1 视频编辑

传统的电影作品编辑是将拍摄到的电影素材胶片用剪刀等工具进行剪切和粘贴，去掉无用的镜头，而对于现在的影视作品中的编辑概念而言，其内涵远远超出了传统意义上的界定。数字编辑除了对有用的影视画面进行截取和顺序组接外，还包括对画面的美化、声音的处理等多方面。例如，在张艺谋拍摄的《英雄》中，漫天枫叶乱舞、浩浩荡荡的车马军队以及李连杰被万箭穿心的效果；《侏罗纪公园》中恐龙的复活；《金刚》中硕大的猩猩；电视节目中精美的片头预告等，这些都是当前视频编辑技术的体现。这些技术让人们感受到梦幻般的虚拟情境，把人们的视野扩展得更远更深，与此同时，也减少了大量的人力、物力消耗，降低了电影制作的成本。

1. 视频编辑的含义

视频编辑包括了两个层面的操作含义：其一是传统意义上简单的画面拼接；其二是当前在影视界技术含量较高的后期节目包装——影视特效制作。

就技术而言，视频编辑可以分为两种形式：线性编辑和非线性编辑。传统的视频编辑是在编辑机上进行的。编辑机通常由一台放像机和一台录像机组成，剪辑师通过放像机选择一段合适的素材，然后把它记录到录像机中的磁带上，再寻找下一个镜头。此外，高级的编辑机还有很强的特技功能，可以制作各种叠画和画面，可以调整画面颜色，也可以制作字幕等。但是由于磁带记录画面是按顺序的，编辑无法在已有的画面之间增加一个镜头，也无法删除一个镜头，除非把这之后的画面全部重新录制一遍，所以这种编辑叫做线性编辑。以数字视频为基础的非线性编辑技术出现后，基于计算机的数字非线性编辑技术，编辑手段得到很大的发展。这种技术将素材记录到计算机中，利用计算机进行剪辑。它采用了电影剪辑的非线性模式，用简单的鼠标和键盘操作代替了剪刀加糨糊式的手工操作，结果可以马上回放，所以大大提高了效率。它不但可以提供各种剪辑机所拥有的所有特技功能，还可以通过软件和硬件的扩展，提供编辑机也无能为力的复

165

杂特技效果。

2. 基本概念

无论是线性编辑还是非线性编辑，在进行视频编辑的过程中，常常会涉及一些最基本的概念，如镜头、镜头组接和转场过渡等。

（1）镜头。

镜头就是从不同的角度、以不同的焦距、用不同的时间一次拍摄下来，并经过不同处理的一段胶片，它是一部影片的最小单位。

镜头从不同的角度拍摄来分有正拍、仰拍、俯拍、侧拍、逆光、滤光等；以不同拍摄焦距分有远景、全景、中景、近景、特写、大特写等；按拍摄时所用的时间不同，又分为长镜头和短镜头。

（2）镜头组接。

谈到镜头组接，一定要涉及一个专业术语——蒙太奇。蒙太奇是法语 montage 的译音，原是法语建筑学上的一个术语，意为构成和装配，后被借用过来，引申用在电影上就是剪辑和组合，表示镜头的组接。所谓镜头组接，即把一段片子的每一个镜头按照一定的顺序连接起来，成为一个具有条理性和逻辑性的整体。它的目的是通过组接建立作品的整体结构，更好地表达主题，增强作品的艺术感染力，使其成为一个呈现现实、交流思想、表达感情的整体。它需要解决的问题是镜头转换，并使之连贯流畅而创造新的时空和逻辑关系。

镜头的组接除了采用光学原理的手段以外，还可以通过衔接规律，使镜头之间直接切换，使情节更加自然顺畅。关于镜头的组接方法与规律，一方面可以在实际动手中体会，另一方面也可以查阅相关资料。

（3）转场过渡。

影视作品最小的单位是镜头，若干镜头连接在一起形成镜头组。一组镜头经有机组合构成一个逻辑连贯、富于节奏、含义相对完整的影视片段，称为蒙太奇句子。它是导演组织影片素材、提示思想、创造形象的最基本单位。一般意义上所说的段落转场，有两层含义：一是蒙太奇句子间的转换，二是意义段落的转换，即叙事段落的转换。段落转换是内容发展到一定程度的要求。在影像中段落的划分和转换，是为了使表现内容的条理性更强，层次的发展更清晰，为了使观众的视觉具有连续性，需要利用造型因素和转场手法，使人在视觉上感到段落与段落间的过渡自然、顺畅。

转场效果是电影、电视编辑中最常用到的方法，最常见的就是"硬切"，即从一个剪辑到另一个的直接变化。而有些时候，正如常在电视节目中看到的，有各种各样的转场过渡效果。为此，很多视频编辑软件都提供了多种风格各异的转场效果，并且每一种效果都有相应的参数设置，使用起来非常方便。

6.4.2 视频编辑流程

数字编辑技术有很大的优越性，因此，它在实际工作中的运用也越来越广泛。人们可以依托编辑软件把各种不同的素材片段组接、编辑、处理并最后生成一个 AVI 或 MOV 格式文件。数字视频编辑流程包括以下几个步骤：

1. 准备素材文件

依据具体的视频剧本以及提供或准备好的素材文件可以更好地组织视频编辑的流程。素材文件包括：通过采集卡采集的数字视频 AVI 文件；由 Adobe Premiere 或其他视频编辑软件生成的 AVI、MOV、WAV 格式文件的音频数据文件，无伴音的动画 FLC 或 FLI 格式文件；以及各种格式的静态图像，包括 BMP、JPG、PCX、TIF 等。电视节目中合成的综合节目就是通过对基本素材文件的操作编辑完成的。

2. 进行素材的剪切

视频编辑的基本方法与声音类似，主要是片段的取舍。各种视频的原始素材片段都称为一个剪辑。在视频编辑时，可以选取一个剪辑中的一部分或全部作为有用素材导入到最终要生成的视频序列中。剪辑的选择由切入点和切出点决定，切入点指在最终的视频序列中实际插入该段剪辑的首帧；切出点为末帧。也就是说，切入点和切出点之间的所有帧均为需要编辑的素材，使素材中的瑕疵降低到最少。

3. 进行画面的粗略编辑

运用视频编辑软件中的各种剪切编辑功能进行各个片段的编辑剪切等操作，确定片段起点和终点，然后将其去掉或保留，最后将保留的片段按时间顺序排列，从头到尾连续播放，形成完整的视频节目，完成编辑的整体任务。目的是将画面的流程设计得更加通顺合理，时间表现形式更流畅。

4. 添加画面过渡效果

视频是一组画面的连续播放，但剪辑时如果画面与画面连接不当，就会造成跳动的感觉，多个类似的镜头连接会使人感到拖沓、冗长。添加各种过渡特技效果，可以解决这个问题，并且使画面的排列及画面的效果更加符合人眼的观察规律，镜头连接得更加自然流畅。

5. 添加字幕

视频上可以叠加文字，称为字幕。图像中文字是静态的，视频中的文字是动态的。视频中出现的文字要持续一定的时间，文字不变，画面改变。在做电视节

167

目、新闻或者采访的片段中，必须添加字幕，以便明确地表示画面的内容，使人物说话的内容更加清晰。在节目的开头要有标题，对整个节目进行说明；结尾应该有落款，说明节目的组织方式。另外，文字的出现方式可以不同，比如溶解、移入、放大、缩小等。

6. 处理声音效果

加入声音会使视频节目产生更大的感染力。虽然在录制节目的同时会录下当时的环境声音，即同期声，但也可以单独对声音进行处理，进行剪辑或添加效果，还可以为语音解说配上音乐。一般是在片段的下方进行声音的编辑，可以调节左右声道或者调节声音的高低、渐近、淡入淡出等效果。这可以减少使用其他音频编辑软件的麻烦，并且制作效果也相当不错。需要注意的是声音和画面的同步，比如人说话的口型和听到的声音一致。

7. 视频特技

视频特技指对片段本身所做的处理。例如，"透明"处理可以将两个片段的画面内容叠加在一起，常用在表示回忆的场景中；"运动"处理可使静止的画面移动，使画面出现得更丰富多彩；"速度"处理可以创建快镜头和慢镜头效果；"色彩"处理与图像的色彩处理类似，但它改变的是一段视频的色调，如黑白的强烈效果、红色的热烈气氛、淡绿的清凉感觉、日落的黄昏色调等。

8. 生成视频文件

对建造窗口中编排好的各种剪辑和过渡效果等进行最后结果的处理称为编译，经过编译才能生成一个最终视频文件。最后编译生成的视频文件可以自动地放置在一个编辑窗口中进行控制播放。这一步骤生成的视频文件不仅可以在编辑机上插入，还可以在任何装有播放器的机器上操作观看。生成的视频格式一般为AVI格式。

【思考题】

1. 模拟视频信息源有哪些？数字视频信息源有哪些？
2. 模拟视频的采集设备有哪些？数字视频的采集设备有哪些？
3. 说明视频编辑的流程。
4. 常用的视频编辑软件有哪些？各有什么特点？
5. 世界上主要的电视信号制式有哪些？它们之间的异同点是什么？

【实践题】

1. 掌握电视摄像机、录像机、传真机等模拟视频采集设备的基本使用方法。

2. 参观并了解广播级或专业级数字视频采集设备的电视节目制作过程。

3. 掌握家用级数字视频采集设备的使用方法。

INTRODUCTION TO DIGITAL MEDIA

Network
Media

第 7 章

网络媒体

本章主要阐述了网络媒体通信环境，以及数字音频、数字视频对传输网络的要求，介绍了常用通信网络，论述了流媒体的定义、类型、特性和应用，并对流媒体系统以及网络媒体信息传输协议进行了详细的说明。

【本章学习要点】

网络用物理链路将各个孤立的工作站或主机连接在一起组成数据链路，从而达到资源共享和通信的目的。随着互联网的普及，网络媒体也深入到人们的生活中。从传播角度讲，"网络媒体"也可以称作"互联网媒体"、"第四媒体"，就是借助国际互联网这个信息平台，以电脑、电视机以及移动电话等作为终端，以文字、声音、图像等形式来传播信息的一种数字化、多媒体的传播媒介。网络媒体具有多方面的优势，主要表现在网络媒体宣传的集成性、传播的实时性、操作的交互性。网络媒体的出现让人们获取信息的途径更为多元化，使人们的生活更便捷和丰富，从而促进了人类社会的进步。

本章主要阐述了网络媒体通信环境，以及数字音频、数字视频对传输网络的要求，介绍了常用通信网络，论述了流媒体的定义、类型、特性和应用，并对流媒体系统以及网络媒体信息传输协议进行了详细的说明。

【本章内容结构】

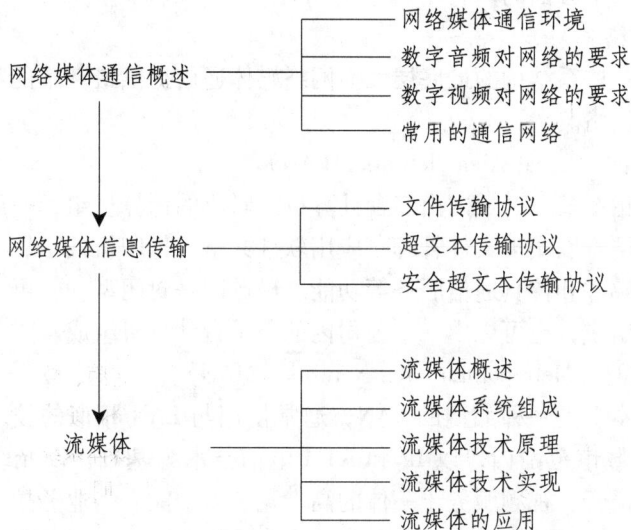

```
                        ┌──── 网络媒体通信环境
                        ├──── 数字音频对网络的要求
网络媒体通信概述 ─────────┤
                        ├──── 数字视频对网络的要求
                        └──── 常用的通信网络

                        ┌──── 文件传输协议
网络媒体信息传输 ─────────┼──── 超文本传输协议
                        └──── 安全超文本传输协议

                        ┌──── 流媒体概述
                        ├──── 流媒体系统组成
流媒体 ──────────────────┼──── 流媒体技术原理
                        ├──── 流媒体技术实现
                        └──── 流媒体的应用
```

7.1 网络媒体通信概述

网络媒体通信技术是数字媒体技术和通信技术的有机结合，是整个数字媒体技术的重要组成部分。在网络媒体通信中，所传输和交换的信息类型不只是一种，而是多种信息类型的综合信息体。由于通信发展的网络媒体趋势，终端设备需要处理不同的信号，例如图像、声音和文本等。通信线路不仅要实现一般的传输，还要将这些信号混合起来传送。信息传送有时必须是实时的，有时也可以是非实时的，因此通信线路必须能够传输多种信号，适应网络媒体的要求。

7.1.1 网络媒体通信环境

随着数字媒体技术的发展和数字媒体应用的不断深化，大量数字的音频和视频信息需要统一的信息网络来传输，通过高速网络实现大量的数字化数据处理、交换和通信，以达到相互间的共享。网络媒体通信的体系结构不断完善，其体系结构一般包括五个方面的内容。

1. 传输网络

传输网络是体系结构的最底层，为网络媒体通信提供最基本的物理环境，包括如下的高速网络。

（1）局域网（Local Area Network，LAN）。

局域网是指在某一区域内由多台计算机互联成的计算机组，一般是方圆几千米以内。局域网可以实现文件管理、应用软件共享、打印机共享、工作组内的日程安排、电子邮件和传真通信服务等功能。局域网是封闭型的，可以由办公室内的两台计算机组成，也可以由一个公司内的上千台计算机组成。

（2）城域网（Metropolitan Area Network，MAN）。

城域网基本上是一种大型的 LAN，通常使用与 LAN 相似的技术。而宽带城域网，就是在城市范围内，以 IP 和 ATM 电信技术为基础，以光纤作为传输媒介，集数据、语音、视频服务于一体的高带宽、多功能、多业务接入的多媒体通信网络。它能够满足政府机构、金融保险、大中小学校、公司企业等单位对高速率、高质量数据通信业务日益旺盛的需求，特别是快速发展起来的互联网用户群对宽带高速上网的需求。

（3）广域网（Wide Area Network，WAN）。

广域网也叫远程网，覆盖的范围最大，一般可以从几十公里至几万公里，一个国家或国际建立的网络都是广域网。在广域网内，用于通信的传输装置和传输介质可由电信部门提供。目前，世界上最大的信息网络 Internet 已经覆盖了包括我国在内的 180 多个国家和地区，连接了数万个网络，终端用户已达数千万，并且以每月 15% 的速度增长。WAN 是覆盖地理范围相对较广的数据通信网络，它常利用公共载波提供的条件进行传输。Internet 就是一个巨大的广域网。通常在路由器中会有一个 WAN 端口，即接入 Internet 等网络的相对更广的数据通信网络端口。

（4）综合业务数字网（Integrated Services Digital Network，ISDN）。

综合业务数字网是一个数字电话网络国际标准，是一种典型的电路交换网络系统。它通过普通的铜缆以更高的速率和质量传输语音和数据。ISDN 是欧洲普及的电话网络形式。GSM 移动电话标准也可以基于 ISDN 传输数据。ISDN 是全部数字化的电路，能够提供稳定的数据服务和连接速度，不像模拟线路那样对干扰比较敏感，在数字线路上更容易开展更多的模拟线路无法或者很难保证质量的数字信息业务。除了基本的打电话功能之外，还能提供视频、图像与数据服务。

（5）宽带综合业务数字网（Broadband Integrated Service Digital Network：B – ISDN）。

宽带综合业务数字网是在窄带综合业务数字网（N – ISDN）的基础上发展起来的数字通信网络，其核心技术是异步转移模式（ATM）。B – ISDN 要求采用光缆及宽带电缆，能提供各种连接形态，允许在最高速率之内选择任意速率，允许以固定速率或可变速率传送。B – ISDN 可用于音频及数字化视频信号传输，可提供电视会议服务。

（6）光纤分布式数据接口（Fiber Distributed Data Interface，FDDI）。

光纤分布式数据接口是于 20 世纪 80 年代中期发展起来的一项局域网技术，具有高速数据通信能力。FDDI 标准为繁忙网络上的高容量输入输出提供了一种访问方法，支持长达 2 km 的多模光纤。FDDI 网络的主要缺点是价格较贵，因为它只支持光缆和 5 类电缆，所以使用环境受到限制。

2. 网络服务平台

网络服务平台提供各类网络服务，可以按用户的要求提供不同等级的服务，使用户能直接使用这些服务内容，而无须知道底层传输网络是如何提供这些服务的，即网络服务平台的创建使网络对用户透明。

3. 数字媒体服务平台

数字媒体服务平台以不同媒体的信息机构为基础，提供其通信支援，并支持种类数字媒体应用。

4. 一般应用

一般应用是指人们常见的一般数字媒体应用。例如文本检索、宽带单向传输、联合编辑，以及各种形式的远程协同工作。

173

5. 特殊应用

特殊应用是指业务较强的一些多媒体应用，例如电子邮购、远程培训、远程维护和视频会议等。

7.1.2 数字音频对网络的要求

计算机系统产生的声音质量差别很大，既可以是 PC 机上低档扬声器产生的声音，也可以是广播质量的三维立体声。按音频质量分类，可以从电话音频质量到 CD 音频质量。音频数据可以是压缩的也可以是不压缩的。不同质量、不同类型的音频信息对网络的要求也不相同。具体概括如下：

1. 音频流需要的比特率

（1）非压缩音频流所需要的比特流。

G.71 也称为 PCM（脉冲编码调制），是国际电信联盟制定出来的一套语音压缩标准，主要用于电话。它主要用脉冲编码调制对音频采样，采样率为 8k 每秒。它利用一个 64 kbps 未压缩通道传输语音讯号，压缩率为 1∶2，即把 16 位数据压缩成 8 位。G.711 是主流的波形声音编解码器。按 G.711 的规定，在非压缩的情况下，模拟信号每秒采样 8 000 次，并且每个样本用 8 位编码。因此，电话质量音频流的最终比特率是 64 kbps。

CD 音频标准是基于模拟信息的，以 44.1 kHz 的频率采样，每一个样本使用 16 位编码。对单声道而言，是 705.6 kbps。由于 CD 是立体声，因此，CD 质量从网络传送完整的立体声所要求的比特率为 1 411.2 kbps。

（2）压缩音频流需要的比特率。

20 世纪 80 年代，发展了许多编码和压缩技术。采用这些技术，电话音频质量可用 32 kbps，稍低一些的质量能以 16 kbps 的速率提供良好的效果，最近的算法可以生成低到 4 kbps 的比特率。

CD 质量的声音处理有许多压缩技术。MPEG 格式的 CD 质量的声音需要 192 kbps，在这个数据流中，两个立体声通道都被编码。MPEG 格式的更高层次的单声道，在 64 kbps 时可以达到近似 CD 的质量。

2. 音频流的实时传送对传送延迟的要求

（1）人与人之间的交谈。

对于人们之间的交谈，过长的延迟时间会使人感到应答的滞后。而且，如果端到端的回程延迟时间超过某一特定的值，且没有采用特别的措施限制回声，则可能听见回声。ITU – TS（国际电气通讯联盟·电讯标准化部门）已将 24 ms 定义为单向传输的延迟上限，超过它时需要使用回声消除技术。

（2）声控。

对于声音输入后需要系统响应的应用，为了得到实时的效果，单向传输延迟应低于 100 ~ 500 ms，往返延迟一般应为 200 ~ 1 000 ms。在实际应用中，希望在输入后小于 100 ms 的时间内得到反馈，这要求网络传输延迟为 40 ms 的数量级。

3. 音频流对延迟抖动的要求

延迟抖动指标是支持实时声音的一个重要性能参数。实际上，在所有信息类型中，实时音频对抖动最敏感。所以，网络上的音频实时传送对延迟变化要求很高。为了克服延迟变化，需要在终端上使用缓冲环节进行延迟均衡。这个技术自然有两个结果，首先，在终端引入一个附加延迟；其次，必须有足够的缓冲存储区。CD 质量的音频一般不应超过 100 ms，对传送延迟有严格的限制的数字媒体应用，抖动不应超过 20 ~ 30 ms。

4. 音频流对差错率的要求

在仅需对用户播放的情况下，电话质量音频流的残余误码率应低于 10^{-2}，CD 质量音频流的残余误码率在不压缩格式下应低于 10^{-3}，而在压缩格式下应低于 10^{-4}。

5. 媒体间的同步

数字媒体信息在传输之后，不仅在单个数据流如音频中的时间关系必须恢复，有时在不同的流或各部分间的时间关系也必须恢复，这称为恢复同步，是媒体间同步的问题。媒体间同步的一个典型的情况是音频流与视频流之间的同步。一个严格的同步要求在播放语言的同时显示说话者的图像，这个特殊的同步要求被称为唇同步。在这种情况下，声音的播放与图像的显示之间的时间差不应超过 100 ms。

7.1.3　数字视频对网络的要求

计算机系统产生的运动视频的质量差别也很大。从应用上分，主要有 5 类视频质量，即 HDTV（高清晰度电视）、演播室质量的数字电视、广播质量的电视、VCR（录像机）质量和低速视频会议质量。对于 HDTV，通常使用分辨率等级和帧率表示视频质量的优劣。这些组合主要有 3 种：高分辨率/高帧率（1 920 ~ 1 080/60 fps）、高分辨率/常规帧率（1 920 ~ 1 080/30 fps 或 24 fps）和增强分辨率/常规帧率（1 280 ~ 720/30 fps 或 24 fps）。一般情况下，所指的都是第一种。

常规的广播电视使用隔行扫描，每帧都被分为两个场，每一个场只处理奇数行或偶数行。计算机显示器常常使用逐行扫描，在相当的比特率下，逐行扫描能给出更好的感觉质量。在 ITU – R（国际电信联盟无线电通信部门）推荐的 601

标准中定义了演播室质量的数字电视，帧的格式是每行 720 像素，并且根据 NT-SC 或 PAL/SECAM 制式，每帧为 525 或 625 行。每个像素用 24 位编码，NTSC 的帧速为 30 fps，而 PAL/SECAM 为 25 fps。

不同类型的视频的实时传送对网络的要求不同，现概括如下。

1. 实时非压缩视频需要的比特率

由于视频会议质量实际上只运行于压缩情况下，故只考虑提供 HDTV 和演播室质量电视的比特率。

（1）非压缩 HDTV。

非压缩 HDTV 采用高清晰度格式，因为高分辨率/高帧率（1 920～1 080/60 fps）和每个像素 24bit 的分辨率，HDTV 的数据流所需的非压缩比特率是 2Gbps。

（2）非压缩演播室质量电视。

非压缩演播室质量电视的帧为 720×570 个像素，标准帧速率为 25fps，每个像素 24bit，其数据流需要的非压缩比特率为 166 Mbps。

2. 实时压缩视频所需的比特率

（1）采用 MPEG 压缩。

高分辨率/高帧率的 HDTV 所需的比特率为 20～34 Mbps，使用高分辨/常规帧速率的 HDTV 所需的比特率为 15～25 Mbps。

（2）广播质量的电视。

执行现有的 MPEG-2 压缩标准，大约为 6 Mbps，人们期望对于 NTSC 广播质量的比特率能达到 2～3 Mbps，而对于 PAL/SECAM 广播质量可达 4 Mbps。

（3）VCR 质量。

采用 MPEG-1 压缩标准，可达 1.2 Mbps。用 200 kbps 传输声音，形成总计 1.4 Mbps 的数据流。

（4）视频会议质量。

H.261 是 1990 年 ITU-T 制定的一个视频编码标准，H.261 视频会议标准产生的视频数据流的比特率为 96 kbps 或 112 kbps。在这种方式下，一般另外分配 16 kbps 给音频流。H.263 是国际电联 ITU-T 的一个标准草案，是为低码流通信而设计的，H.263 标准产生的视频数据流的比特率可减至 64 Mbps 或小于 64 Mbps。

3. 实时视频对延迟和延迟抖动的要求

实时运动视频流与音频流一般同时传送以便同步显示。在这种情况下，传送延时和延迟抖动上的要求常常是由音频流来决定的。网络传送延迟的变化，对 HDTV 品质来说不应超过 50 ms，对广播质量来说不超过 100 ms，对视频会议质量来说不应超过 400 ms。

4. 实时视频对差错率的要求

特别是压缩数据流比非压缩数据流对错误更敏感。假设错误在时间上是统计分布，受影响的帧之间的间隔如下。

（1）在视频会议质量下，当误码率为 10^{-5}，两个相邻受影响帧之间的平均时间间隔为 1 秒；误码率为 10^{-9} 时，时间间隔为 3 小时。

（2）在广播质量电视的压缩方式下，如果误码率为 10^{-5}，错误的平均间隔为 20 ms。这就是说，每帧平均有两个错误，或每秒有 50 个错误比特。如果误码率为 10^{-9}，则差错率也会减少至平均每 4 天一个错误。

（3）在 HDTV 质量的压缩方式下，10^{-5} 误码率将产生大约每帧 4 个错误，也就是每秒 240 个错误比特；而 10^{-9} 误码率将导致在两个连续出错的帧之间大约有 1 天平均时间间隔。

7.1.4　常用的通信网络

人们的信息交流从语言、文字、印刷、电报、电话一直到今日的多姿多彩的现代通信。当今现代通信网络正向数字化、智能化、综合化、宽带化、个人化迈进，下面介绍几种典型的网络。

1. 电话交换网

从本质上讲，电话网是用于模拟语音通信的。经过调制解调设备，可以将二进制数据调制成模拟信号在电话网中传送。电话网覆盖面广，可以连接国家、城市、乡村等各种不同的用户。但电话信道的带宽很窄，速率仅为 1 200 ~ 9 600 bps。目前，电话网的功能及性能不断扩充，可以支持多种电信业务。

2. 以太网

以太网（Ethernet）是由 Xerox 公司创建并由 Xerox、Intel 和 DEC 公司联合开发的基带局域网规范，是当今现有局域网采用的最通用的通信协议标准。以太网络典型的结构为总线方式，现已有星型方式，以适应已有电话线的结构。以太网使用 CSMA/CD（载波监听多路访问及冲突检测技术）技术，并以 10M/S 的速率运行在多种类型的电缆上。以太网的范围和速率有限，还不能完全适应数字媒体通信实时性的要求和媒体种类变换的要求，但对静态媒体的传输效果是完全可以满足的。100Mbps 高速以太网组成的 LAN 可以较好地支持数字媒体通信。

3. 分组交换网

分组交换网是继电路交换网和报文交换网之后出现的一种新型交换网络，它主要用于数据通信。分组交换是一种存储转发的交换方式，它将用户的报文划分成一定长度的分组，以分组为存储转发，因此，它比电路交换的利用率高，比报文交换的时延要小，而具有实时通信的能力。分组交换利用统计时分复用原理，将一条数据链路复用成多个逻辑信道，最终构成一条主叫、被叫用户之间的信息传送通路，实现数据的分组传送。分组交换是大型的计算机网络，它由数据交换接点和连接它们的各种不同的信道组成，这些信道既可以是专用的网络线路，也可以租用电信部门的各种不同信道，其数据传输速率为 500 kbps ~ 3 Mbps。

4. 光纤分布数据接口

光纤分布数据接口（Fiber Distributed Data Interface，FDDI）是以光纤为传输媒介、速率为100Mbps 的令牌环局域网的 ANSI 标准，拓扑结构为环形。它既可用于主设备与外围设备之间、各主机之间的互联，又可以作为主干网，实现多个 LAN 互连。FDDI – Ⅱ（加强型）增加了电路交换能力，扩充了 FDDI 的应用领域，使之可以传输语音、视频和其他各类数据。FDDI 是一种提供面向连接传输服务的高速局域网，固定分配通信信道带宽。由于它专用于数据传输，未考虑数字媒体特性，不能为不同的媒体选择不同协议，不能动态分配带宽，所以对数字媒体通信支持有一定的局限性。

5. 综合业务数字网

综合业务数字网（Integrated Services Digital Network，ISDN）是数字电话网络国际标准，是一种典型的电路交换网络系统，支持范围广泛的语音和非语音业务，用户终端能通过一种标准的、多用途的用户网络接口连接 ISDN。ISDN 是从综合数字网（IDN）发展而来的，把在 IDN 中用于传输系统和交换系统中的数字化技术进一步扩展到用户信号数字接口等方面，使其能够将各种业务进行综合处理。

ISDN 是欧洲普及的电话网络形式。GSM 移动电话标准也可以基于 ISDN 传输数据。因为 ISDN 是全部数字化的电路，所以它能够提供稳定的数据服务和连接速度，不像模拟线路那样容易被干扰。在数字线路上更容易开展更多的在模拟线路上无法或者很难保证质量的数字信息业务。例如，除了基本的打电话功能之外，还能提供视频、图像与数据服务。ISDN 需要一条全数字化的网络用来承载数字信号（只有 0 和 1 这两种状态），与普通模拟电话最大的区别就在这里。

6. 宽带综合业务数字网 B – ISDN

宽带综合业务数字网（Broadband Integrated Service Digital Networr，B – ISDN）是在窄带综合业务数字网（N – ISDN）的基础上发展起来的数字通信网络。B – ISDN 要求采用光缆及宽带电缆，能提供各种连接形态，允许在最高速率之内选择任意速率，允许以固定速率或可变速率传送。B – ISDN 可用于音频及数字化视频信号传输，可提供电视会议服务，其核心技术是采用高速分组交换、高速电路交换、异步转移模式和光交换。其中：

178

（1）高速分组交换使用的是分组交换的基本技术，采用面向连接的服务，在链路上无流量控制和差错控制，集中了分组交换和同步时分交换的优点。

（2）高速电路交换主要使用的是多速时分交换方式，允许按时间分配信道，带宽为基本速率的整数倍。

（3）异步转移模式。异步转移模式（ATM）是一种以固定长度的分组方式，并以异步时分复用方式，传送任意速率的宽带信号和数字等级系列信息的交换设备。异步转移模式是用于实现宽带综合业务数字网（B - ISDN）的基础技术。它可综合任意速率的话音、数据、图像和视频的业务，将成为 21 世纪的主要交换设备。

（4）光交换。光交换的主要设备是光交换机，将光技术引入传输回路和控制回路，实现数字信号的高速传输和交换，但目前还不够成熟。

7.2　网络媒体信息传输

网络通讯协议（Transmission Control Protocol/Internet Protoco，TCP/IP）是 Internet 最基本的协议，是 Internet 国际互联网的基础。简单地说，就是由网络层的 IP 协议和传输层的 TCP 协议组成的。在具体应用数字媒体时，很多时候我们并不关心数据的传输途径，而只是涉及与应用层协议相关的一些协议，因此，只着重讲述应用层与数字媒体有关的协议。

7.2.1　文件传输协议

文件传输协议（File Transfer Protocol，FTP）是一个用于在两台装有不同操作系统的机器中传输计算机文件的软件标准，属于网络协议组的应用层。FTP 是一个 8 位的客户端—服务器协议，能操作任何类型的文件而不需要进一步处理，可以使得主机间共享文件。但是，FTP 有着极高的延时，这意味着，从开始请求到第一次接收需求数据之间的时间会非常长，并且需要执行一些冗长的登陆进程。

1. FTP 功能

FTP 使用 TCP 生成一个虚拟连接用于控制信息，然后再生成一个单独的 TCP 连接用于数字传输，其主要功能如下：

（1）提供文件的共享（计算机程序/数据）。

（2）支持间接使用远程计算机。

（3）使用户不因各类主机文件存储器系统的差异而受到影响。

179

（4）可靠且有效地传输数据。

2．FTP 模式

FTP 有两种使用模式：主动和被动。主动模式要求客户端和服务器端同时打开并且监听一个端口以建立连接。在这种情况下，客户端由于安装了防火墙会产生一些问题，所以创立了被动模式。被动模式只要求服务器端产生一个监听相应端口的进程，这样就可以绕过客户端安装了防火墙的问题。

一个主动模式的 FTP 连接建立要遵循以下步骤：

（1）客户端打开一个随机的端口（端口号大于 1 024，在这里，我们称它为 x），同时一个 FTP 进程连接至服务器的 21 号命令端口。此时，源端口为随机端口 x，在客户端，远程端口为 21，在服务器上。

（2）客户端开始监听端口（x＋1），同时向服务器发送一个端口命令（通过服务器的 21 号命令端口），此命令告诉服务器客户端正在监听的端口号并且已准备好从此端口接收数据。这个端口就是我们所知的数据端口。

（3）服务器打开 20 号源端口并且建立和客户端数据端口的连接。此时，源端口为 20，远程数据端口为（x＋1）。

（4）客户端通过本地的数据端口建立一个和服务器 20 号端口的连接，然后向服务器发送一个应答，告诉服务器它已经建立好了一个连接。

3．FTP 和网页浏览器

大多数最新的网页浏览器和文件管理器都能和 FTP 服务器建立连接。这使得在 FTP 上通过一个接口就可以操控远程文件，如同操控本地文件一样。这个功能通过给定一个 FTP 的 URL 实现，形如 ftp：//＜服务器地址＞（例如，ftp：//ftp. gimp. org）。是否提供密码是可选择的，如果有密码，则形如 ftp：//＜login＞：＜password＞@＜ftpserveraddress＞。大部分网页浏览器要求使用被动 FTP 模式，然而并不是所有的 FTP 服务器都支持被动模式。

4．FTP 的缺点

（1）密码和文件内容都使用明文传输，可能产生不希望发生的窃听。

（2）因为必须开放一个随机的端口以建立连接，当防火墙存在时，客户端很难过滤处于主动模式下的 FTP 流量。

7.2.2　超文本传输协议

超文件传输协议（HyperText Transfer Protocol，HTTP）是用于在客户端和服务器间请求和应答的协议，是因特网上应用最为广泛的一种网络传输协定。设计HTTP 最初的目的是为了提供一种发布和接收 HTML 页面的方法，由于其简捷、快速的方式，适用于分布式和合作式超媒体信息系统。自 1990 年起，HTTP 就已经被应用于 WWW 全球信息服务系统，所有的 WWW 文件都必须遵守这个标准。

HTTP 允许使用自由答复的方法表明请求目的，建立在统一资源识别器提供的参考原则下，作为一个地址（URL）或名字（URN），用以标志所采用的方法，用类似于网络邮件和多用途网际扩充协议（MIME）的格式传递消息。客户机和服务器建立连接后，发送一个请求给服务器，请求的格式是：统一资源标识符、协议版本号，以及类似于 MIME 的信息，包括请求修饰符、客户机信息和可能的内容。服务器接到请求后，给予相应的响应信息，其格式是：一个状态行包括信息的协议版本号、一个成功或错误的代码，后面也是类似于 MIME 的信息，包括服务器信息、实体信息和可能的内容。一个 HTTP 的客户端，诸如一个 web 浏览器，通过建立一个到远程主机特殊端口（默认端口为 80）的连接，初始化一个请求。一个 HTTP 服务器通过监听特殊端口等待客户端发送一个请求序列，有选择地接收像 E-mail 一样的 MIME 消息，此消息中包含了大量用来描述请求各个方面的信息头序列，响应一个选择的保留数据主体。接收到一个请求序列后（如果需要的话，还有消息），服务器会发回一个回复，同时发回一个报文的消息，此消息的主体可能是被请求的文件、错误消息或者其他的一些信息。

7.2.3 安全超文本传输协议

安全超文本传输协议（Secure Hypertext Transfer Protocol，S-HTTP）是一种面向安全信息通信的协议，是经超文本传输协议改造而来的。为互联网的 HTTP 加密通讯而设计，能与 HTTP 信息模型共存，并易于与 HTTP 应用程序相融合。

S-HTTP 协议为 HTTP 客户机和服务器提供了多种安全机制，提供安全服务选项是为了适用于万维网上各类潜在用户。S-HTTP 为客户机和服务器提供了相同的性能（同等对待请求和应答，也同等对待客户机和服务器），同时维持 HT-TP 的事务模型和实施特征。

S-HTTP 客户机和服务器能与某些加密信息格式标准相结合。S-HTTP 支持多种兼容方案并与 HTTP 相兼容。使用 S-HTTP 的客户机能够与没有使用 S-HTTP 的服务器连接，反之亦然，但是这样的通信明显不会利用 S-HTTP 安全特征。

S-HTTP 不需要客户端公用密钥认证（或公用密钥），但它支持对称密钥的操作模式。这点很重要，因为这意味着即使没有要求用户拥有公用密钥，私人交易也会发生。虽然 S-HTTP 可以利用大多现有的认证系统，但 S-HTTP 的应用并不必依赖这些系统。

S-HTTP 支持端对端安全事务通信。客户机可能"首先"启动安全传输（使用报头的信息），例如它可以用来支持已填表单的加密。使用 S-HTTP，敏感的数据信息不会以明文形式在网络上发送。

S-HTTP 提供了完整且灵活的加密算法、模态及相关参数。选项谈判用来决定客户机和服务器在事务模式、加密算法（用于签名的 RSA 和 DSA、用于加密的 DES 和 RC2 等）及证书选择方面取得一致意见。

虽然 S-HTTP 的设计者承认有意识地利用了多根分层的信任模型和许多公钥证书系统，但 S-HTTP 仍努力避开对某种特定模型的滥用。S-HTTP 与摘要验证的不同之处在于，它支持共钥加密和数字签名，并具有保密性。HTTPS 作为另一种安全 web 通信技术，是指 HTTP 运行在 TLS 和 SSL 上面的实现安全 web 事务的协议。

7.3 流媒体

流媒体技术是一种新兴的网络传输技术。通过这项技术，把连续的影像和声音信息经过压缩后放到网络服务器，让浏览者一边下载一边观看、收听，而不需要等到整个媒体文件下载完成后才能观看。流媒体技术是网络音/视频技术发展到一定阶段的产物，是一种解决数字媒体在网络中播放时的带宽问题的"软技术"。

7.3.1 流媒体概述

1. 流媒体定义

流媒体是指采用流式传输的方式在网络中播放音频、视频、动画等数字媒体的文件。流媒体技术并不是单一的技术，它是融合很多网络技术之后所产生的技术，涉及流媒体数据的采集、压缩、传输以及网络通信等多项技术。一般来说，流媒体技术包含两种含义，广义上的流媒体是使音频和视频形成稳定和连续的传输流和回放流的一系列技术、方法和协议的总称；而狭义上的流媒体技术是相对于传统的下载—回放方式而言的一种媒体格式，能从因特网上获取音频和视频等连续的多媒体流，客户可以边接收边播放，使延时大大减少。

流媒体是一种新的媒体传送方式，而非一种新的媒体。流媒体是在流媒体技术支持下，把连续的影像和声音信息经过压缩处理后放到网络服务器上，让浏览者一边下载一边观看、收听，而不需要等到整个多媒体文件下载完成就可以即时观看的多媒体文件。对于用户来说，观看流媒体文件与观看传统的音视频文件在操作上几乎没有任何区别。虽然在流媒体刚刚开始流行的时候，由于流媒体为了解决带宽问题以及缩短下载时间，而采用了较高的压缩比的有损压缩，因此用户感受不到很高的图像和声音质量。但随着网络带宽的不断增加，以及压缩格式的不断改进，用户最终可以欣赏到满意的效果。

流媒体技术全面应用后，人们在网上聊天可直接语音输入；如果想彼此看见对方的容貌、表情，只要双方各有一个摄像头就可以了；在网上看到感兴趣的商品，点击以后，讲解员和商品的影像就会跳出来；更有真实感的影像新闻也会出现。

2. 流媒体类型

流媒体技术是 RealNetworks 公司首先推出的，目前许多厂商都有成熟的基于流媒体技术的产品，比较典型的从事流媒体研究开发的公司还有 Microsoft、Apple 公司等，其相应产品有 RealMedia、Windows Media 和 QuickTime，下面分别加以介绍。

（1）RealSystem 系统。

RealNetworks 公司的流媒体制作及播放系统是一个完整的数据流应用软件系统，可以将视频、音频、动画、图片、文字等内容转换为数据流媒体，在所有宽带上为最终用户提供丰富实用的数据流媒体。对于开发者来说，它是一种开放的、基于标准的、可扩展的应用平台；对节目播放者来说，RealSystem 系统是可靠的、多功能的、经过充分测试的系统，它提供了一套功能强大、操作简便的制作工具，能够方便地将实时采集的视音频信号、录像带、计算机文件等转换为 Real 格式的数据流文件；对于最终用户，RealSystem 系统提供了功能齐全、界面友好的播放软件。RealSystem 提供了广播或点播等多种传输手段，能够传输高品质的音频和视频，支持种类繁多的因特网上的远程教育、远程医疗和电子商务等应用。

（2）Windows Media Service 系统。

在流媒体领域的激烈竞争中，Microsoft 公司推出的 Windows Media 技术以其方便性、先进性、集成性、低费用等特点，逐渐被人们所认识和接受。随着流媒体的广泛应用，Microsoft 公司进一步推出了整套的流媒体制作、发布和播放产品，其服务器端的 Windows Media Service 产品在 Windows NT Server Pack 4 上可以安装，并且集成在 Windows 2000 Server 中。Windows Media 产品的一大特点是其制作、发布和播放软件与 Windows NT/2000/XP 集成在一起，不需要额外购买。虽然 Microsoft 的流视频解决方案在 Microsoft 视窗上是免费的，制作端与播放器的视音频具有较好的质量，并且易于使用，但目前在整体解决方案方面与 RealNet-

183

works 公司的产品相比，还有一定的差距。

（3）Apple QuickTime 系统。

Apple 公司于 1991 年发布 QuickTime，现在 QuickTime 播放器已经在全世界被众多的用户使用。在视频流技术上，QuickTime 提出数据流"断汛"防护的新技术，提供给用户一个收看数据流传输内容时更稳定的浏览方式，通过因特网提供实时的数字化信息流、工作流和文件回放等功能。QuickTime 由 3 个部分所组成，QuickTime Movie 文件格式、QuickTime 媒体抽象层和 QuickTime 内置媒体服务系统。

QuickTime 电影文件格式定义了存储数字媒体内容的标准方法，使用这种文件格式不仅可以存储单个的媒体内容，还能保存对媒体作品的完整描述。QuickTime 媒体抽象层是一种综合性的媒体软件架构，它定义了软件工具和应用程序如何访问 QuickTime 内置媒体服务系统，以及如何通过硬件提升 QuickTime 的关键性能。QuickTime 内置媒体服务系统则可作为软件开发工具的基础，帮助软件开发商和用户充分发挥 QuickTime 的优势。

3. 流媒体特性

目前，市场上所采用的流式媒体技术主要由最具代表性的 RealNetwork 公司开发的 RealMedia 技术以及微软公司推出的 WindowsMedia 技术两大系列构成，此外也有少量采用 Apple 公司的 Ouick Time 技术。与传统的多媒体技术比较而言，它们在技术上可表现出如下共同特点：

（1）采用高压缩率、高品质的音视频编码器。

由于在网上传输音视频信号将占用大量的带宽，因此就要求编解码器对音、视频内容进行高压缩率的编解码，并且还应在带宽允许的范围内充分保证音、视频品质不受影响，传统的多媒体技术已不能胜任，而较新的流媒体编解码技术便能同时兼顾二者，在视频方面，由于采用了较 MPEG4 更为先进的编码技术，同时具备动态位速率编码、二次编码和关键帧控制等高级功能，使得编码内容的压缩率远高于 MPEGl 文档而品质却能接近 MPEG2 的视频效果；音频方面，高级的音频编码器同样能提供高压缩率以及高品质、高保真的音频流。

（2）具备多重比特率的编码方式。

流媒体的另一核心技术在于如何根据不同的网络连接来确定音、视频信号的编解码，具体来讲就是需要编解码器根据不同的连接对象确定生成影音文件的输出质量和可用带宽，在流媒体技术中，其编码器允许在一个流文件中对视频流进行多重编码的创建和传输，通常应用的带宽范围可从 28.8 kbps 到 500 kbps 不等，可使客户端播放器能根据实际的连接带宽确定其中一个适合的视频流进行播放。此外，由于音频流所占用的网络带宽相对较小，因此，其音频编码器被设计为仅支持单一的编码方式。

（3）具备智能流的控制技术。

由于不同的网络连接实际能达到的传输量和连接速度存在较大的差异，而这种差异不利于接收流式媒体，因此智能流控制技术便应运而生。采用该技术，能根据客户和服务器间彼此的通信状况来建立实际的网络吞吐量，能自动检测网络状况并将视频流的属性调整到最佳品质；同时根据提示自动进行一系列的调整以使流的整体质量达到最佳，使用户最终收到与其连接速度相符的连续的内容流。智能流控制的优点是显而易见的，但实现前提是播放内容必须采用多重比特率的编码方式。

（4）支持脚本命令传送模式。

流媒体编码器允许向编码内容插入脚本命令，脚本将作为流的一部分进行保存和传送，常见的脚本命令包括字幕显示、URL 跳转以及自定义脚本命令，使用脚本可用于事件通知、自动地址链接和插入广告等功能。

（5）有别于 WEB 的服务器方式。

流媒体尽管可以建立在 Web 服务器上，但与专用的流媒体服务器相比，Web 服务器方式存在以下一些不足：

首先，Web 服务器主要用于发送包含静态图像、文本和 Web 页面脚本的数据包，因此被设计为尽快、尽可能多地发送数据，而流媒体应该被实时传送，而不是以大量的字符组来传送，播放器应该在播放它们之前收到数据包，显然，Web 服务器不是发送包含流媒体的数据包的最好方法。

其次，Web 服务器不支持多比特率视频，这意味着将不能对客户端进行智能流控制，也就不能监视传送质量和调整比特率。更为重要的是，Web 服务器不支持用户数据包传送协议（uDP），也不具备对传送协议进行转换的条件，因此，在客户端播放器受到网络状况的影响时，可能会出现既无音频也无视频而最终导致数据流传送中断的现象。

与此相反，流媒体服务器刚好弥补了 Web 服务器功能上的不足，由于它是专门为传输基于流的内容所设计的，能根据向某个客户端播放器发送流时收到的反馈信息来衡量数据包的发送，并确定合适的客户端传输协议及连接带宽，所以当播放器以这种方式收到数据包时，图像将更平滑和流畅。此外，当网络带宽受限时，流媒体服务器可以将流进行多重广播，让更多的用户同时连接并持续地接收流，而当进行网上实况转播时，也只有流媒体服务器才能配置实况流的传送，因为 Web 服务器是不支持的。

4. 流媒体文件格式

流媒体文件格式是经过特殊编码的，适合在网络上边下载边播放，而不是等到整个文件下载完成才能播放。并不是说普通的标准数字媒体文件不能在网络中以流的形式播放，而是由于其播放效率太低，所以很少使用。另外在编码时还需要在流媒体文件中加入一些其他的附加信息，比如计时、压缩和版权信息。

目前在流媒体领域中，竞争的公司主要有三个：Microsoft、RealNetworks 和 Apple 公司。相应的产品是 Windows Media、RealMedia 和 QuickTime。下表列出了这三家公司产品中分别使用的流媒体文件格式。

流媒体文件格式

公司名称	文件格式
Microsoft	ASf（Advanced Streaming Format）
RealNetworks	RM（Real Video）
	RA（Real Audio）
	RP（Real Pix）
	RT（Real Text）
Apple	MOV（QuickTime Movie）
	QT（QuickTime Movie）

5. 流媒体播放方式

按照播放模式，流媒体可分为"点播"和"广播"；按照通信方式，则可以分为"单播"和"组播"。

（1）点播。

以点播模式播放时，客户端需要主动连接到服务器上。在点播连接中，用户通过选择内容为初始化客户端的连接。连接后，用户可以开始、停止、后退、快进或暂停流的播放。点播连接提供了对流的最大控制。

（2）广播。

以广播模式播放时，客户端被动地接收流。在广播过程中，客户端只能接收流，而不能像在点播中那样通过暂停、快进或后退来控制流。使用广播模式时，在网络上只传输数据包的一个备份，网络上的所用用户都会收到同样的数据包。

（3）单播。

单播是指媒体服务器要同每一个客户端都建立一个单独的数据通道，每个客户端都必须分别对媒体服务器发送单独的查询，服务器需要将数据包复制多个备份，经多个点对点的方式分别发送给需要它的那些用户。

（4）组播。

采用组播方式，媒体服务器只需要发送一个信息包，而不是多个，由路由器一次将数据包复制到多个通道上，所有发出请求的客户端都共享同一信息包。

7.3.2　流媒体系统组成

流媒体系统至少包括 4 部分，即流媒体数据源的编码器、流媒体服务器、流媒体传输网络和播放器。

1. 编码器

通过网络流媒体之前，必须将原始的音、视频文件转化为流媒体格式文件，以便在因特网上传播，这就需要依靠流媒体编码器来完成。编码器是一种流媒体格式生成软件，每种格式的流媒体都有自己专用的编码器，用来生成各自的流媒体格式文件，不能混用。概括地讲，流媒体系统中的编码是用于创建、捕捉和编辑数字媒体数据，形成适合网络传播的流媒体格式。编码过程中，应在尽可能保证文件原有声音、图像质量的情况下，降低文件的数据量；按照一定的流媒体制作规则将转换后的文件打包，以防数据在传输过程中发生丢失。

2. 流媒体服务器

经过编码之后的流媒体文件，应放到服务器中。在某种程度上，流媒体服务器就像 Web 服务器一样，都是用于处理来自客户端的请求。但是，流媒体服务器又与 Web 服务器有很大的不同，Web 服务器响应客户端的请求，将客户端要求的网页传送到其浏览器后，本次的服务器和浏览器音质通话联系相继结束，立即断开；而流媒体服务器却不同，客户端和流媒体服务器一旦建立了连接，必须同用户保持双向通信。在这种双向通信期间，流媒体服务器的工作主要是将流媒体数据按照客户端的要求不间断地传送到客户浏览器上，保持与客户端的通信，响应客户端的交互请求，且与流媒体存储器保持联系，做好数据备份、实时数据处理、权限管理和广播管理等。

3. 流媒体传输网络

流媒体在因特网上的传输必然涉及网络传输协议，这是制约流媒体性能的最重要的因素。为了保证对网络拥塞、时延和抖动极其敏感的流媒体业务在 IP 网络中的服务质量，必须采用合适的协议，其中包括因特网本身的多媒体传输协议，以及一些实时流式传输协议等。

4. 播放器

流媒体播放器是一种能够与流媒体服务器通信的软件，这种软件能够播放或丢弃收到的流媒体文件。流媒体播放器既可以像应用程序一样独立运行，也可以作为 Web 浏览器的插件。流媒体播放器通常都提供对流的交互式操作，如播放、暂停、快放等。有些播放器还提供一些额外功能，如录制、调整音频或视频，甚至提供文件系统记录。流媒体播放器有很多，在众多的播放器中，使用最广泛的是 RealNetworks 公司的 RealPlayer，Microsoft 公司的 Windows Media Player 和 Apple 公司的 QuickTime 播放器。每个播放器都有自己的优缺点。

7.3.3　流媒体技术原理

随着网络技术的不断改进，人们的需求越来越大，网络上传输的信息形式也越来越多，人们渴望在网上能够欣赏到美妙的音乐，能够看到像有线电视一样清晰的电视节目，能够随时看到快乐的动画片，甚至能够召开视频会议等。而所有这一切，都可以由流媒体来完成。

1. 利用缓存实现流媒体的传输

因特网是以分组传输为基础进行断续的异步传输，在传输中数据文件被分解为许多的分组。由于网络是动态变化的，各个分组选择的路由可能不尽相同，故到达客户端的时间延迟也就不等，甚至先发的数据分组有可能后到。为此，使用缓存系统来弥补延迟和抖动的影响，并保证分组的顺序正确，从而使媒体数据能连续输出，而不会因为网络暂时拥塞使播放出现停顿。

2. 传输过程

用户选择某一流媒体服务后，Web 浏览器与 Web 服务器之间使用 HTTP/TCP 交换控制信息，以便把需要传输的实时数据从原始信息中检索出来，然后客户机上的 Web 浏览器启动 A/V Helper 程序，使用 HTTP 从 Web 服务器检索相关参数对 Helper 程序进行初始化。

3. 传输方法

实现流媒体传输的方法有两种：实时流式传输和顺序流式传输。

（1）实时流式传输。

实时流式传输是指保证媒体信号带宽与网络连接匹配，使媒体可被实时观看到。实时流式传输与 HTTP 流式传输不同，需要专用的流媒体服务器与传输协议。

实时流式传输总是实时传送，特别适合现场事件，也支持随机访问，用户可快进或后退以观看前面或后面的内容。实时流式传输必须配匹连接带宽，这意味着在以调制解调器速度连接时图像质量较差，而且，由于出错丢失的信息被忽略掉，网络拥挤或出现问题时，视频质量很差。实时流式传输需要特定服务器，如 QuickTime Streaming Server、RealServer 与 Windows Media Server。这些服务器允许对媒体的发送进行更多级别的控制，因而系统设置、管理比标准 HTTP 服务器更复杂。实时流式传输还需要特殊网络协议，如 RTSP（Realtime Streaming Protocol）或 MMS（Microsoft Media Server），这些协议在有防火墙时有时会出现问题，导致用户不能看到一些地点的实时内容。

（2）顺序流式传输。

顺序流式传输是顺序下载，在下载文件的同时用户可观看在线媒体，在给定时刻，用户只能观看已下载的那部分，而不能跳到还未下载的前头部分，顺序流式传输不像实时流式传输那样在传输期间根据用户连接的速度做调整。顺序流式传输比较适合高质量的短片段，如片头、片尾和广告，由于这些文件在播放前观看的部分是无损下载的，因而可以保证电影播放的最终质量。对通过调制解调器发布的短片段，顺序流式传输显得很实用，它允许用比调制解调器更高的数据速率创建视频片段。顺序流式文件是放在标准 HTTP 或 FTP 服务器上，易于管理，基本上与防火墙无关。顺序流式传输不适合长片段和有随机访问要求的视频，如讲座、演说与演示，也不支持现场广播。

7.3.4 流媒体技术实现

流媒体技术不是一种单一的技术，它是网络技术及视/音频技术的有机结合。在网络上实现流媒体技术，需要解决流媒体的制作、发布、传输及播放等方面的问题，而这些问题则需要利用视音频技术及网络技术来解决。

1. 需要处理数字媒体以适合流式传输

数字媒体需要进行处理才能适合流式传输，主要工作包括两个方面：

（1）采用高效的压缩算法减小文件的尺寸大小。

（2）向文件中加入流式信息。

2. 需要适合的传输协议实现流式传输

因特网中的文件传输都是建立在 TCP（Transfer Control Protocol，传输控制协议）基础上的，但 TCP 的特点并不适合传输实时数据。因此，一般都采用建立在 UDP（User Datagram Protocol，用户数据报协议）之上的 RTP（Realtime Transport Protocol，实时传输协议）、RTCP（Realtime Transport Control Protocol，实时传输控制协议）和 RPSP（Realtime Streaming Protocol，实时流协议）来传输实时的影音数据。

（1）实时传输协议 RTP、RTCP。

RTP 是在因特网上针对多媒体数据流的一种传输协议，工作于一对一或一对多的传输情况，可提供时间信息和实现流同步。RTP 通常使用 UDP 来传送数据，

189

也可在 TCP 或 ATM 协议之上工作。当应用程序开始一个 RTP 会话时，会使用到两个端口，一个给 RTP，一个给 RTCP。RTP 本身并不能为按顺序传送数据包提供可靠的传送机制，也不提供流量控制或拥塞控制，而是依靠 RTCP 提供这些服务。通常 RTP 算法并不作为一个独立的网络层来实现，而是作为应用程序代码的一部分。

RTCP（Realtime Transport Control Protocol）与 RTP 共同提供流量控制和拥塞控制服务。在 RTP 会话期间，参与者周期性地传送 RTCP 包，这些包中含有已发送数据包的数量、丢失数据包的数量等统计数据，服务器可根据这些信息动态地改变传输速率，甚至改变有效载荷类型。RTP 与 RTCP 的配合使用可有效地进行反馈，从而减小开销，提高传输效率，非常适合传送网上的实时数据。

（2）实时流协议 RTSP。

实时流协议 RTSP 是由 RealNetworks、Netscape 共同提出的一种协议，它定义了如何使一对多应用程序有效地通过 IP 网络传送多媒体数据。RTSP 在体系结构上位于 RTP、RTCP 之上，它使用 TCP 或 RTP 完成数据传输。与 HTTP 相比，RTP 传送的是多媒体数据，而 HTTP 传送 HTML。在使用 RTSP 时，客户机和服务器均可发出请求，也就是说 RTSP 可双向服务，而 HTTP 的请求是由客户机发出，服务器进行响应的。

3. 需要浏览器对流媒体的支持

MIME（Multipurpose Internet Mail Extensions，通用互联网邮件扩展）是一种多用途网际邮件扩充协议，在 1992 年最早应用于电子邮件系统，但后来也应用到浏览器中。服务器会将它们发送的多媒体数据的类型告诉浏览器，而通知手段就是说明该多媒体数据的 MIME 类型，从而让浏览器知道接收到的信息哪些是 MP3 文件，哪些是 Shockwave 文件等。服务器将 MIME 标志符放入传送的数据中来告诉浏览器使用哪种插件读取相关文件。

MIME 类型就是设定某种扩展名的文件用一种应用程序来打开的方式类型，当该扩展名文件被访问的时候，浏览器会自动使用指定应用程序来打开。多用于指定一些客户端自定义的文件名，以及一些媒体文件打开方式。浏览器接收到文件后，会进入插件系统进行查找，查找出哪种插件可以识别、读取接收到的文件。如果浏览器不清楚调用哪种插件系统，它可能会告诉用户缺少某插件，或者直接选择某个现有插件来试图读取接收到的文件，后者可能会导致系统的崩溃。传输的信息中缺少 MIME 标识可能导致的情况很难估计，因为某些计算机系统可能不会出现什么故障，但某些计算机可能就会因此而崩溃。

7.3.5 流媒体的应用

随着因特网的发展，流媒体技术在网络电台、视频点播、远程教育、广告、收费播放等方面得到了广泛的应用。在企业一级的应用包括客户支持、远程培训、音视频会议、电子商务等。

1. 广告及其销售

网络广告就是利用网站上的广告横幅、文本链接、多媒体的方法，在互联网刊登或发布广告，通过网络传递到互联网用户的一种高科技广告运作方式。用内容丰富、图文声像并茂的流媒体技术制作广告，其效果远远超过静态网页广告。基于流媒体服务平台，在节目播出中插入适当的动态画面、动态文本滚动广告、音视频广告，具有广泛的社会效益和经济效益。流媒体广告可以分为三类：音视频广告、配音的图片广告、实时文字插播的文字广告。

2. 网络电台

网络电台把传统意义上的电台搬到了网上，不需要又重又大的编录设备，只需使用轻便的电脑；没有发射塔，有的只是四通八达的网络；收听电台不用收音机，只要坐在电脑前轻轻点击就能听到主持人的声音。而这一切都是建立在流媒体技术发展的基础上的。利用流媒体技术所开发的网络电台比比皆是，只要在网上搜索一下就可以看到和听到，内容涉及各个领域。

3. 视频流播出

视频流是指视频数据的传输。通过流媒体方式传输，即使在网络非常拥挤或很差的拨号连接的条件下，也能提供清晰、不中断的影音给观众，实现了网上动画、影音等多媒体的实时播放。用摄像机或投影仪获得现场音/视频信号后，通过 Web 站点进行基于 Internet 的现场直播，或者保存为流格式后，随时播放。

4. 政府电子政务

中国电子政务工程正式启动于 1993 年的"三金工程"，目前我国的电子政务建设已经取得了喜人的成果和长足的发展。内外网平台、中央门户网站、各级政府门户网站建设得到了不断的加强。流媒体作为一种新颖的传输技术，已经广泛地应用到了我国电子政务建设中。综合多个地区的电子政务建设工程来看，流媒体技术在电子政务建设过程中的主要应用为视频直播和视频点播。

通过在线直播的流媒体传播形式，可以完美地实现会议、日常业务培训与文件精神传达。视频直播将会议内容、日常业务培训和决策精神通过内外网平台，第一时间下达到政府的各个基层。视频点播是流媒体在电子政务建设中另一种较为常见的应用方式。将直播会议的内容、日常业务培训的视频资料以及各项公开性音视频内容，存放在视频点播平台的服务器中，各级政府以及群众可以自由地

191

访问，使得学习可以在联网的计算机上随时进行，从而增强了政务公开的形象性和生动性。

流媒体技术作为一个技术含量较高的科学技术，在应用到电子政务建设中时应对流媒体产品的多方面因素进行考虑。从整体来看，主要包括安全性、可拓展性、高效性和兼容性。安全性是指有效隔绝来自外部网络的攻击，并且可以杜绝数据在传输过程中可能发生的泄漏情况；拓展性指在系统需要拓展的时候，简单地增加并发流的数量，从而提高和拓展总体的容量；高效性指系统可以使用通常意义上的传输过程，设备的使用度高，无冗余设备，系统总体设计的有效性高；兼容性指可以与其他符合系统设备协议规范的终端设备完全互联互通，并能满足服务的质量要求。

5. 商务通信

通过流媒体所提供的音视频交流、音视频会议系统进行各种会议和商谈，可以大大节省差旅费用。通过流媒体平台提供的各种音视频工具进行多种在线服务，可以提高服务的直观性和服务质量。

6. 远程教育与培训

计算机的普及和因特网的迅速发展，给远程教育带来了新的机遇，世界各国都在大力开展包括网络教育在内的远程教育。在远程教学过程中，最基本的要求就是将信息从教师端传递到远程的学生端，而需要传递的信息可能是多元化的，包括各种类型的数据，如文本、图片、音频、视频、动画等，由于网络带宽的限制，流媒体无疑是最佳的选择。流媒体在远程教育方面的应用包括网上实时授课、网上课件点播、网上音视频会议等。

（1）网上实时授课。

学生按照教学站点在网上发布的直播时间按时进行在线视听。这种视听可以在专用教室进行，也可利用单机通过因特网进行，同时要求主讲方必须安装实时视频采集压缩编码卡，而接收方必须安装实时视频解码卡，同时网络带宽要满足实时直播的要求。

（2）网上课件点播。

在网上直播的同时，可以将教师授课的音视频画面和电子讲稿的计算机视频显示出来，以流媒体文件格式记录下来，然后将记录下来的流媒体文件发布出来；学生可以随时登录该站点，根据需要点播已发布的任何一个这样的流媒体网上课件。

（3）网上音视频会议。

利用流媒体技术将人物的静态/动态图像、语音、文字、图片等多种信息分送到各个用户的计算机上，使得在地理上分散的用户可以共聚一处，远程参加会议或相互交流，以可视化的、实时的、交互的形式实现共享资源、交流信息，增加双方对内容的理解。网上音视频会议体现了流媒体技术超越空间的多点通信、群体的"面对面"的协同工作特点，这种先进、实用、低廉的信息交流平台一问世便得到社会各界的关注，一些机关、企业、高校纷纷建立视频会议系统，为信息的快速交流提供了可靠的保障。

7. 远程医疗

远程医疗是指通过互联网和多媒体技术在相隔较远的求医者和医生之间进行双向信息传送，完成求医者的信息搜集、诊断以及医疗方案的实施等过程。与传统的"面对面"的医疗模式相比，它使得高水平的医疗服务能在更广的范围内进行共享，让更多的人享受高水平的医疗服务。我国地域辽阔，人口众多，医疗水平发展不平衡，三甲医院基本上都在大中城市，高精尖设备的配置也是大城市居多。而对于远在边区或基层的病人来说，由于医疗条件不足，危重、疑难病都要转往上级医院进行会诊。不仅如此，到远地就诊，相应增加了交通费、家属陪同费和住院医疗费用，加上路途颠簸，给病人本已脆弱的身体加重了负担，一些没有条件到大医院就诊的病人则可能耽误了诊疗。这说明在我国发展远程医疗事业不仅具有现实意义，而且拥有广阔的市场空间。

【思考题】

1. 什么是流媒体？什么是流媒体技术？
2. 网络流媒体与一般媒体的区别是什么？
3. 简述流媒体的系统组成。
4. 简述网络媒体的应用环境。
5. 什么是单播？什么是组播？什么是点播？什么是广播？
6. 在网络中实现流媒体技术必须完成的环节有哪些？要完成这些环节需要解决的关键技术是什么？

【实践题】

1. 参观并了解网络中心的基本构架。
2. 了解目前流行的流媒体服务器产品及客户端播放产品，并比较这些流媒体服务器产品的特点。
3. 运用软件将一个 AVI 文件格式的电视片段转换为流媒体格式文件。

193

INTRODUCTION TO DIGITAL MEDIA

Digital
Animation

第 8 章

数字动画

本章主要阐述了数字动画的特点和创作过程，从数字动
画的制作流程出发，对常用数字动画处理软件的使用以
及技术处理进行了详细的介绍。

【本章学习要点】

动画是一门综合性的艺术，它将人、物的表情、动作、变化等分解成一系列的画幅，然后按照一定的时间顺序连续拍摄，最终形成动态的画面。一般来说，传统意义上的动画是以手工绘制为主，随着现代技术的发展，数字技术的加入使动画创作的想象力和创造力得到了空前的发展，为动画创作注入了新的活力。

本章主要阐述了数字动画的特点和创作过程，从数字动画的制作流程出发，对常用数字动画处理软件的使用及技术处理进行了详细的介绍，学习的重点在于数字动画的特点和数字动画的制作，学习的难点在于数字动画美术风格的设计。

【本章内容结构】

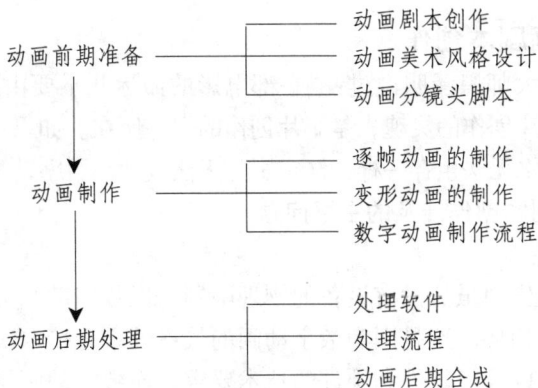

```
动画前期准备 ——————— 动画剧本创作
                     动画美术风格设计
                     动画分镜头脚本

动画制作 ——————————— 逐帧动画的制作
                     变形动画的制作
                     数字动画制作流程

动画后期处理 ——————— 处理软件
                     处理流程
                     动画后期合成
```

8.1　动画前期准备

数字动画的创作是一个相当复杂和漫长的过程，从前期剧本的创作、美术风格的设定、分镜头脚本的绘制，到数字技术的运用、后期剪接合成，环环相扣，缺一不可。前期准备是一部动画作品创作的起点，只有经过周密的准备，才能构架出动画作品的主体方向，为动画作品奠定良好的基础。同时，动画的前期准备工作涉及剧本、美术设计、场景设置、人物造型、音乐等多方面的问题。因此，前期准备工作是一个反复探讨、商榷的过程，不可能一蹴而就。那么，如何做好动画的前期准备是创作动画作品首先需要思考的问题。

8.1.1　动画剧本创作

日本著名电影大师黑泽明说过："一部电影的命运几乎要由剧本来决定。"也就是说，剧本是影片创作的灵魂，是影片创作的根基所在。如果影片创作离开了剧本，就像鱼离开了水无法生存一样，注定影片无法成功。数字动画创作亦是如此。

1. 数字动画剧本创作涉及的主要问题

（1）市场问题。

数字动画在创作中虽然没有设备的物理限制，但数字动画的制作成本一直居高不下，并呈增长趋势。这是因为数字动画的最终效果直接取决于其制作的复杂程度和真实程度，以及对软件和硬件的技术要求。而数字动画剧本是未来动画片的预览，是后续每项设计与施工方案的重要依据。因此，数字动画剧本在创作时首先要考虑到市场需求量和制作成本的问题。

（2）技术与艺术问题。

数字动画创作是一项技术与艺术相结合的创作行为，一方面要在技术上充分体现出艺术的再创造功能，另一方面也要在艺术的构思中体现出高超的技术，体现出数字动画的时代特性，让观众得到震撼的视听享受。同时，由于数字技术的复杂性，连最优秀的数字从业人员也不可能了解所有的数字技术。因此，数字动画剧本在创作时既要考虑到技术上的可行性，也要考虑到影视艺术的创作规律，真正做到技术与艺术的结合。

（3）制作周期问题。

数字动画制作是一个资金投入大、经营周期相对较长的创作过程。一部成熟的数字动画，必须投入大量的资金，才能保证创作的质量。众所周知，在市场竞争的体制下，企业不仅要在投入后有一定的回报，而且还会尽可能地控制制作成本。因此，数字动画剧本创作还必须将制作周期问题纳入到思考的范围之中。

2. 数字动画剧本创作时的主要构思

（1）主题内容的选取。

电影是一门贴近生活、反映现实的艺术，一部能够真实反映生活引发观众共鸣的影片，才是成功的影片。数字动画创作也是这样，虽然数字动画创作过程中采用了高科技的技术手段，给观众带来了与众不同的视觉效果，但是如果数字动画的主题不能来源于生活而高于生活，那么，它也无法得到观众的认可。如我国三维数字动画《魔比斯环》，采用最尖端的好莱坞新技术，耗时两年完成，动用了上千名动画师，但是由于主题内容得不到观众的认可，最后这部数字动画竟以惨淡的票房收尾。

（2）形象的塑造。

动画片是视觉的艺术，因此，塑造观众喜闻乐见的形象是动画剧本的首要任务。由于动画剧本的创作突破了现实的限制，每个形象都可以具有拟人化的性格，因此，动画片中形象塑造比一般影片有更大的创作空间。一般来说，动画剧本创作注重每个形象独特而鲜明的语言行动、风度气质、爱好习惯以及外貌神情等。在数字动画中由于突破了空间上的限制，由二维空间转换为三维空间，为形象的展示提供了更为宽广的舞台，因此，在形象塑造上要更为鲜明和细腻。

（3）叙事结构的设置。

叙事结构是影片创作中极为重要的构成因素，它决定着影片的发展和走向。动画片创作是一个有机的整体，不论主题内容或主题形象都必须结合恰当的叙事结构，才能得到最好的发挥。因此，动画片的创作必须遵循一定的叙事结构规律，才能够吸引观众的注意力。但是，由于数字动画创作中技术难度较大，因此，在对素材进行组织和安排时要考虑到技术上的可行性，尽量减少后期制作难度。

8.1.2 动画美术风格设计

动画片在长期的发展过程中，已经形成了高度简洁凝练的美术风格，虽然在动画片的发展过程中，动画片创作者一直努力尝试各种美术风格，但是，由于动画片是"为运动而造型"的艺术，因此，动画片的美术风格并没有发展出可以与绘画手法相媲美的样式。20 世纪 70 年代初，电脑技术开始应用于动画片创作。数字技术作为一种造型手段应用于动画片的创作中，真实的三维空间对动画片的美术风格提出了新的要求。

1. 丰富的空间感和体积感

数字技术应用于动画创作中，丰富了动画片的造型手段，使动画片的创作突破了二维空间的限制，具有丰富的空间感和体积感。如动画片《美女与野兽》就是用数字技术模拟出人物运动的空间，再将手绘的人物动画融入其中，合成一个完整的场景。动画片《美女与野兽》首次将数字技术与手绘动画相结合，打造出一个细腻而完整的虚拟空间。

2. 真实的美术风格

在数字动画未诞生之前，动画创作一般都是在二维平面上表现的，而数字技术的出现为动画片的创作提供了真实的虚拟三维空间。因此，数字动画的美术风格天然地受到现实三维空间的影响。从照相术发明以来，真实地还原现实世界是人类数千年来的梦想和追求，数字技术为人类还原世界、复制世界提供了极为便利的手段。因此，在数字动画中，模拟出一个与真实世界一模一样的虚拟场景，尽可能真实地还原世界是数字动画创作者一直以来追求的极致。在数字动画片《最终幻想》中，为了达到绝对真实的效果，动画片中的每一个角色的毛发都经过了精致的处理。

3. 夸张的漫画风格

随着数字技术的发展，数字三维动画的表现自由度也随之提高，对美术风格的选择范围也更加广泛。如果说真实的美术风格，是创作者一直以来的追求，那么夸张的漫画风格则是创作者一直以来的最佳选择。由于一切形象和物体都是通过数字技术建构出来的虚拟模型，不受现实世界的限制，能给观众带来更多的惊奇。因此，夸张的漫画形式经常会被数字动画所采用。如在数字动画《怪物史莱克》中，主角怪物史莱克就是以漫画形象为蓝本创造出来的虚拟形象，这个角色的造型极为夸张，但在丑陋中不失可爱，受到了很多观众的喜爱。

8.1.3 动画分镜头脚本

动画剧本是动画片创作的根基，它是动画故事文字内容的描述，是动画片创作的基本准绳。而动画分镜头脚本则依托于动画剧本而产生，是创作者根据动画剧本手工绘制的一系列图画。但动画分镜头脚本并不仅来源于动画剧本，它的创作还受到脚本创作者的影响，它不仅包含了动画剧本创作者的思维，也包含了脚本创作者的意识。因此，它来源于动画剧本，又高于动画剧本。数字动画分镜头脚本的完成最终受到两个方面的制约：一方面它受到动画故事基本框架的制约，要遵循动画剧本的基本思想，在最大限度上保证动画剧本的完整性；另一方面它受到数字技术的制约，由于数字技术的复杂性无法保证能够完全满足动画剧本的需要，因此，必须从可实施性方面对动画剧本进行再调整。

经过再创作而形成的动画分镜头脚本，在数字动画的制作阶段起着极为重要的作用：

（1）分镜头脚本的创作相当于动画的效果预览，直接关系到未来动画的成败，在这个阶段要明确动画的整体风格、节奏和特殊效果等。

（2）动画分镜头的创作涉及动画片多方面的细节，俗话说，"细节决定成败"，详尽的分镜头脚本可以使动画片的创作更为完善、更为细腻。

（3）分镜头脚本创作是动画剧本的可视化，可更为形象地向后期制作者传递动画创作者的意图。形象的分镜头脚本可通过场景气氛、构图、景别、角度、灯光、色彩、运动、音响、剪辑点的位置的可视化操作，向后期制作者传递准确的艺术信息。

（4）分镜头脚本创作可减轻后期制作者的工作量，保证动画作品的质量。过于粗糙的分镜头脚本会造成在动画制作过程中后期制作者频繁返工的后果，从而导致制作者工作量加大，作品质量降低。

8.2　动画制作

随着计算机软件和硬件技术的不断发展，数字动画技术制作出了许多惊人的效果。数字技术的发展，也为动画的制作带来了新的生命力。动画制作是动画片创作中至关重要的环节，好的想法、好的创意、好的前期规划，都必须通过动画制作这一环节来实现。

8.2.1　逐帧动画的制作

逐帧动画是一种常见的动画形式（Frame by Frame），具体的做法是将一个动作分解为 5~6 个动作，然后将这些动作在时间轴的每帧上插入关键点，最后进行动画预览，使其连续播放而成动画。现在非常流行的 Flash 动画片，就是逐帧动画的代表之一。

众所周知，电影是视觉上的骗术，实际上是由一系列静止的画面构成，通过视觉暂留原理在视网膜上形成活动的影像。同样，动画也是成千上万的画面组成。在数字动画制作中，最小的动画单元称之为帧。1 秒钟动画所包含的帧画面数取决于传送动画的输出介质。一般情况下，录像带上 1 秒钟动画包含 30 帧画面；胶片上 1 秒钟动画包含 24 帧画面；在交互式实时计算机上 1 秒钟动画可包含 8~60 帧画面。

逐帧动画的技术原理是主画面插值技术。主画面制作是动画制作的基本技术之一，它主要是根据物体的运动轨迹，找出主要运动所对应的画面，定义出物体

199

运动的动画序列。插值技术主要是指一旦主画面制作完成，软件会自动进行运算，在主画面之间插入动画，生成过渡画面，填充主画面间的空隙。最常见的插值方法有两种：线性插值和曲线插值。线性插值只是在主画面之间插入相等的间隔，是一种最机械、最直接的动画制作技术。一般来说，效果非常生硬，无法反映自然界的运动规律，在数字动画创作中无法满足创作的需求。曲线插值技术又称为灵活插值技术，主要是在对主画面参数取平均值时，考虑了物体运动随时变化的情况。曲线插值技术一般采用曲线的形式来反映物体运动的变化，当物体运动加速时采用上升的曲线来表示，当物体速度下降时则采用下降曲线来表示，当物体运动方式比较复杂时，可对曲线进行自定义调节。一般来说，曲线插值技术能更好地反映物体的运动规律，在数字动画创作中被广泛采用。

8.2.2 变形动画的制作

在数字动画片中，随着近年来变形工具的开发和使用，一些以假乱真的动态效果在银幕上频频出现，如影片《终结者》中液态水银变成人形。这种变形动画技术的出现，弥补了早期数字三维动画创作中技术的不成熟，丰富了数字动画的表现形式，使数字动画的艺术形式得到了极大的发展。

变形动画的技术原理是利用物体与物体之间的关系，将模型放在三维空间中，进行曲线或线性插值，对它们进行几何变换。在动画制作中，根据变形方法的不同，变形动画也可以分成两种方法，一种是自由形状动画，一种是三维变换。

自由形状变换是一种较为简单的变形动画，主要是通过关键点的绘制来生成两物体之间的过渡形状，Morph 软件就是这类变形动画的代表。制作自由形状变换动画，有两点需要重点把握。其一，是物体背景的处理。在变形动画开始之前，要将变形动画的起始画面和结束画面进行相应的处理，做好前期准备工作。最好是通过相应的图像处理软件，使起始画面的图片与作为变形目标的这幅图片大小一致，背景相同，这样变形的效果会更好。其二，是关键点的处理。在变形动画的制作过程中，将起始画面和目标画面一一对应，在画面的轮廓上增加相应的变形点。关键点越多，变形的效果越平滑，尤其在物体变形的重要特征部位，关键点更不可少。

三维变换也是一种十分有效的形状动画技术，主要是通过激活一个物体上所有的点，并且把它们放到另一物体上对应点所占据的位置上来实现动画。这种变形动画效果非常引人注目，但是在制作中并不像自由形状变换那么费时。制作三维变换，要满足两方面的条件。其一，三维物体的点数目必须相同。虽然三维变换在制作中只需要通过命令来实行，但是在动画制作前期必须做好相应的规划，否则无法实现效果，这就对数字动画的建模技术提出了较高的要求。其二，三维物体的点具有相对应的顺序。三维变换的动画制作，不仅对点的数目有严格的规定，对点的关系也要求进行相应的规划，否则物体的变形会发生错漏。但是，有时也可根据变形动画的特殊效果，故意设置错漏变形。

8.2.3　数字动画制作流程

随着计算机技术的发展，数字动画的制作能力也越来越强。虽然数字动画制作的具体方法和技术可能有所不同，但是数字动画的基本流程是一致的。数字动画的制作流程大致上可以分为场景制作阶段、布局动画制作阶段、细节动画制作阶段、摄像机动画制作阶段。

1. 场景制作阶段

无论进行哪种类型的数字动画制作，首先都必须进行动画场景的制作，场景是动画片创作必不可少的元素。动画片中的场景是一个综合概念，比如说人物、动物和景物，都可以称之为场景。在数字技术介入动画创作之前，传统的动画都是由平面图形构成的。这种平面动画创作虽然强调了动画创作者的个性，具有非常强烈的形式感，但是由于二维空间的限制，场景中的元素都无法进行多角度的转换，因此缺乏视觉上的真实感是传统动画的最大缺憾。而数字动画技术可以利用计算机生成模拟的三维空间，产生真实而立体的场景，给观众以震撼的视觉效果。例如著名导演詹姆斯·卡梅隆拍摄的影片《阿凡达》，就采用了最新的数字动画技术 Fusion 3D 打造外星场景，为观众打开了一扇通往另一个世界的窗口。

图 8–1　《阿凡达》剧照

201

2. 布局动画制作阶段

布局动画制作阶段是动画制作的关键环节。在这个制作阶段中，动画制作者通过动画分镜头脚本准确了解角色的基本动作，设置出角色的关键动作，赋予角色生命与活力。在布局动画的制作中，运用的基本技术是主画面及插值画面的制作技术。一般来说，都是先设置出与角色主要动作相对应的关键点，再在关键点之间通过计算机的插值技术生成过渡画面，填补两个关键点之间的空隙。与传统动画相比，这项数字技术的应用使动画制作技术简便了很多。

3. 细节动画制作阶段

好莱坞著名数字动画导演安德鲁·斯坦顿曾说过："我们可以用三维技术做出一个很完美的机器人或者兔子，但与70毫米胶片拍摄的真实世界相比，我从来没有满意过。"众所周知，一个完美的角色需要无数个细节来衬托，因此在角色的主要动作设置完成后，有必要为角色添加相应的细节，增加数字动画的视觉冲击力。细节动画制作阶段的工作非常烦琐而耗时，比如头发的变形、衣角的抖动、重力的表现和特效灯光等都要在细节制作阶段完成。如2001年制作的数字动画片《最终幻想：内在精神》就对细节进行了精心打造，使其女主角艾琪·罗斯成为一个相当完美的三维动画人物。

图 8-2 《最终幻想：内在精神》剧照

4. 摄像机动画制作阶段

无论什么样的影视作品，都是由一系列的镜头按照一定的规律依次排列组合而成的，这些镜头融合成为一个完整的整体，表达出拍摄者的意图。因此，镜头是传递创作者意图的窗口，是观众感受角色的媒介。在数字动画的制作中，采用虚拟摄像机设置相应的关键点就可以模拟传统摄像的运动轨迹，制作出三维动画的运动镜头来表达创作者的意图。通过为虚拟摄像机设置一定的动画，可以在任何角度对场景中的物体进行实时观看，既增加了三维空间的真实感，又缩短了制作周期，降低了一定的经济成本。

8.3 动画后期处理

技术的发展给人们带来了越来越多意想不到的效果。无论是动画模型，还是动画特效，都必须通过动画的后期处理来完成。因此，动画的后期处理具有广泛的用途，是数字动画技术中十分重要的研究领域。

8.3.1 处理软件

在数字技术的发展中，硬件技术和软件技术的发展息息相关，计算机硬件的发展为软件的改进提供了良好的平台，而软件的更新又对计算机硬件的发展提出了新的要求。近年来，计算机硬件技术的发展日新月异，对软件的发展起到了极大的促进作用。当电脑还处在 DOS 系统时代时，3D Studio 软件几乎垄断了个人电脑数字动画制作市场。近几年随着个人电脑技术的突飞猛进，在个人电脑上，Windnws 系统相对稳定，已经可以使用昂贵的 Open GL 图形加速卡，芯片的速度也可以和专业的图形工作站相媲美，为动画软件的发展打破 3D Studio 软件的垄断局面提供了可能。因此，随着电脑硬件的更新换代，出现了大量新型的数字动画制作软件。数字动画软件根据其制作功能的复杂程度可以分为小型、中型和大型三类：

1. 小型数字动画制作软件

小型数字动画制作软件大部分是一些新开发的软件。这些软件的优势在于学习难度不大，容易上手，价格相对便宜，便于非专业的动画制作人员学习和使用。而这些软件的缺点在于功能不够全面，动画效果较弱，不适合专业动画制作人员使用。目前，应用较为普及的小型数字动画制作软件有：

Truespace——较早诞生在 Windows 平台上的三维软件，擅长制作互联网上的动画。

Raydream 3D——较为简单的三维制作软件，在国外比较流行。

Extreame 3D——Macmmedia 公司出品，夹在 Director 大软件包中销售。

Instant 3D——较为简单的三维模型制作软件。

Coreldream 3D——含在 Coreldraw 软件包中的一个三维组件。

Animation maste——多用于卡通造型和动画的三维软件，多边形曲面造型功能较强大。

Bryce——MAC 机移植的三维软件，多用于自然景观的模拟，在 Bryce 2.0 以前，只能制作静帧图像，新的版本称为 Bryce 3D，具有动画功能。用它制作山、水和天空的效果非常好。

Formz——是支持多种格式的三维造型软件，造型功能非常强大，很多国外院校用它来教授三维课。

2. 中型数字动画制作软件

这类软件主要包括 3D Studio Max、3D Studio VIZ 和 Lightwave 3D 等。3D Studio Max 是当前世界上销售量最大的三维建模、动画及渲染解决方案，它广泛应用于视觉效果、角色动画和游戏场景的设计中。软件 Lightwave 3D 能够实现粒子动画、不同类型的图像映射和图像融合效果，也就是说能够将一种效果融入另一种效果之中。3D Studio VIZ 可以说是 3D Studio Max 与 AutoCAD 的杂交产品，主要用于制作建筑设计、室内装联和工业设计效果图。

（1）3D Studio Max。

由 Autodesk 公司开发，支持 Windows 95/98、WindowsNT 平台，具有多线程运算能力，支持多处理器的并行运算、建模。3D Studio Max 是一款在个人电脑上运行的专业软件，它的优势在于以下几方面：

①界面友善，便于学习。如果经过一段时间的学习，非专业动画制作人员也可以制作出广播级的动画效果。对于一般的建筑效果图、室内装联、工业设计、广告、电视栏目、游戏和多媒体片段，完全可以满足要求。

②功能强大，开放性好。3D Studio Max 最大的优点在于插件特别多，许多专业技术公司都在为 3D Studio Max 设计各种插件，其中许多插件是非常专业的，如专用于设计火、烟、云效果的 After—burn，制作肌肉的 Metareye 等，利用这些插件可以制作出更加精彩的效果。

③互用性较好，便于应用。3D Studio Max 可以生成包含材质、贴图、灯光和动画的 3DS 格式场景文件，3DS 可与一些软件的场景文件互导。

3D Studio Max 的缺点在于渲染质感要差一些，但是经过多年来 Autodesk 公司的改进，集成了新的 Active Shade 及 Render Elements 功能的渲染能力，同时提供了与高级渲染器的连接，渲染功能已经得到了极大的改善。

（2）Lightwave 3D。

由 NewTek 公司开发，在诞生之初只能为 Amiga 平台工作，现今随着技术的完善，Lightwave 3D 也是全球唯一支持大多数工作平台的 3D 系统。Intel（Windows NT/95/98）、SGI、SunMicro System、PowerMac、DEC Alpha，各种平台上都有一致的操作界面，无论使用高端的工作站系统或使用 PC，Lightwave 3D 都能胜任。Lightwave 3D 是一款高端三维软件，许多欧美的特效大片中都应用了 Light-wave 3D 技术，在三维制作领域有相当重要的地位。它的优势在于建模功能强大、渲染质感优秀、操作界面简单。

（3）3D Studio VIZ。

3D Studio VIZ 由 Autodesk 公司的多媒体产品事业部 Kiuetix 开发，主要应用于建筑业、土地规划、机械设计和工业设计等方面。在 3D Studio VIZ 诞生之前，没有专门应用于工程设计的 3D 工作平台，给设计人员的工作带来了极大的不便。因此，3D Studio VIZ 这款针对设计人员的工作需求而专门开发的三维动画软件，极大地提高了设计人员的工作速度和效率。它的优势在于，把在功能上兼容了 3D Studio Max 和 AutoCAD 这两款独立软件的优势，做为面向设计行业最为简洁高效的工具。与 AutoCAD 相比，3D Studio VIZ 具有可视化的功能，能够塑造三维立体的图形，打破了 AutoCAD 的刻板和单调。与 3D Studio Max 相比，3D Studio VIZ 具有与 3D Studio Max 完全相同的界面，但操作更为简便，结构设置更为合理，是集模型制作、贴图操作和动画功能于一身的最为简便开放的三维动画工作平台。

3. 大型数字动画制作软件

这类软件主要包括 Softimage 3D、Maya 及 Eddic，主要应用于数字动画的动画设置和电影特技合成。在个人电脑技术处于初级阶段时，这类软件主要的运行环境是高性能图形工作站，随着电脑技术的发展，这类软件现在亦可在 Windows NT 平台上运行。

（1）Maya。

由 Alias 公司在 Power Anlmation 软件基础上开发的新一代三维软件，它是全球最好的建模和动画制作工具之一，集仿真和交互技术于一身。Maya 的应用对象是专业的影视广告、角色动画、电影特技等，是电影级别的高端制作软件。它的优势在于：

①界面直观一致，菜单富有逻辑联系。Maya 软件的弹出式菜单设计灵活，便于使用者创造出属于自己的个人风格界面。

②专业性强，功能强大。Maya 是数字动画创作者梦寐以求的制作工具，掌握了 Maya 会极大地提高制作效率和品质，调节出仿真的角色动画，渲染出电影般的真实效果，可以极大地提高影片质量。

③技术先进。Maya 集成了 Alias/Wavefront 最先进的动画及数字效果技术。它不仅包括一般三维和视觉效果制作的功能，而且还与最先进的建模、数字化布料模拟、毛发渲染、运动匹配技术相结合，是目前数字动画创作的首选软件。

（2）Softimage 3D。

早期由 Softimage 公司于 1986 年开发，后经加拿大 Avid 公司改进。早期 Softimage 在 SGI 平台上是中高端商业三维软件方面的绝对领导者，后来在和 Maya 的竞争中地位有所下降。因此，被 Avid 公司控股收购后，Avid 对 Softimage 进行了全新的开发，集成了高级渲染器 Mental Ray。现在虽然 Softimage 3D 不再独领风骚，但它依然是一套功能极其强大的三维动画制作软件，多年来一直是专业影视广告制作的主要工具，经典作品数不胜数。它的优势在于：

①功能极其强大，最擅长于卡通造型和角色动画。Softimage 3D 具有最好的多边形建模工具组件，快速、简单并且完整。同时，Softimage 3D 的开发人员认为细分表面模型是未来数字动画软件的发展趋势，因此，它的细分表面建模能力也非常好。

②具有强大的快速交互能力的骨骼系统，高效的反向运动学（IK）系统。Softimage 3D 最大的优势在于它具有强大的快速交互能力的骨骼系统和快速的反向运动学解决方案，它提供的自定义式的角色装配能力可以使数字动画制作者完成各种各样的任务。

③拥有强大的粒子系统，毛发系统快速而强大，甚至还集成了具有一定能力的后期合成系统，可以全面地和 Maya 对抗，是目前价格最高也是功能最全面的三维软件。

8.3.2 处理流程

虽然各款数字动画制作软件功能不同，但不论是哪一款三维动画软件，都具有大同小异的处理流程。尽管数字动画技术操作难度大，但它的基本流程一般包括建模、成像、材质、贴图、动画以及渲染。

1. 建模

建模，即创建基本的几何体，这是数字动画制作的基本步骤。一般来说，首先从简单的创建面板中创建基本的几何体。然后用数字动画软件提供的造型工具，比如造型编辑器、造型变换工具、造型增殖工具等，逐步将简单的集合体修改成复杂的模型。建模工作难度不大，但是极为耗时、耗力，是一项比较辛苦的工作。

2. 材质

材质，即为创建的模型添加材料和质地。一般来说，数字动画的材质包括了现实世界物体多方面的属性，比如物体的颜色、透明度、自发光、光泽范围、光泽强度，以及表面凹凸等特性。基本上根据软件的不同特性，各款软件会采用自已特有的贴图坐标概念。材质和贴图弥补了建模方面的不足，是数字动画创作必不可少的环节。

3. 成像

成像，即为创建的场景添加真实场景中的物理属性，如灯光、摄像机、重力和风力。在数字动画中如何生成真实的虚拟场景，涉及的问题较为复杂而烦琐。以灯光为例，灯光是各款数字动画软件都必备的板块，在各款软件中可根据场景的需要调节灯光的属性。在数字动画软件的创作中，软件灯光不仅具有真实灯光的各种属性，还具有真实灯光所不具备的优势。灯光在场景中起着直观的效果，不仅起着照明作用，而且还有烘托气氛的效果。

4. 动画

动画，即场景中的物体制定相应运动和变化。在数字动画创作中，场景中物体的动态变化过程是由创作者人为指定的。主要包括四个方面的运动：第一种运动是确定场景中各个物体的位置及其相互关系，指定物体的运动轨迹；第二种运动是为物体创建形变运动；第三种运动是设置场景中灯光的运动方式、轨迹和速度；第四种运动是设置场景中摄像机的运动方式、轨迹和速度。

5. 渲染

渲染，即为由程序输出一幅完整的画面和一段动画。一般来说，渲染这一功能对电脑设备的硬件要求较高。因此，并不是所有的三维动画软件都有这一功能。在带有渲染功能的数字动画软件中，基本上由渲染器来完成这一工作。在渲染器中有多种渲染方式可选用，如有线扫描方式、光线跟踪方式及辐射度渲染方式，可根据具体的需要设置渲染的参数。由于渲染所占电脑资源较大，所以随着渲染质量的提高，渲染所需的时间也会增加。

8.3.3　动画后期合成

数字动画后期合成的是将文字、图形、声音和动画等文件融合为一个艺术整体，因此一个完整的数字动画作品只单独依靠一个数字动画制作软件是很难完成的，往往是数字动画制作软件、后期编辑软件、后期合成软件综合作用的结果。由于数字动画后期合成，涉及多类型制作软件和处理技术，因此对计算机软件和硬件的性能要求都比较高。一般来说，数字动画后期合成大致可以分为以下五个阶段：

1. 数字动画文件的生成

数字动画后期合成的第一个环节是将已经制作完成的数字动画按照一定的格式输出，生成可以供后期合成软件处理的动画文件。动画文件的输出仍在数字动画制作软件中完成，动画制作者可根据后期处理的需求自定义设置输出文件的压缩比例、输出格式和存放路径等。动画文件输出的格式种类繁多，主要有 GIF 格式、Flash 格式和 AVI 格式等。

（1）GIF 格式。

GIF 格式进行的数字动画文件输出采用的是无损数据压缩方法，采用这种格式输出的动画文件不仅图像清晰，而且文件尺寸较小，便于在网络上传输。

（2）Flash 格式。

Flash 格式进行的数字动画文件输出采用的是曲线方程描述其内容，因此采用这种格式输出的动画文件不会因缩放而产生图像失真，非常适合描述由几何图形组成的数字动画。

（3）AVI 格式。

它的英文全称为 Audio Video Interleaved，即音频视频交错格式，它是由 Microsoft 公司开发的一种符合 RIFF 文件规范的数字音频与视频文件格式。其优势在于用 AVI 格式允许视音频格式在一起交错播放，可以自动以文件的压缩比输出，因此受到很多后期合成软件使用者的喜爱，是一种动画输出中比较通用的动画文件格式。

2. 后期合成软件的处理

数字动画的后期合成是将已经渲染输出的动画文件导入到后期合成软件中，对其再次进行处理，比如说添加相关特效使其达到震撼的视觉效果。后期合成软件种类繁多，应用较多的有 After Effects、Combustion 和 Paint。其中，由于 After Effects 可以和大多数三维动画制作软件兼容使用，同时它的图像处理速度较快，适合做分层特效，对硬件要求也相对较低，因此，After Effects 是一款通用后期软件，也是目前为止使用较为广泛的数字动画后期合成软件。

3. 后期编辑软件的处理

数字动画后期合成的最后一个环节是应用非线性的编辑软件对其进行后期处理，将数字动画片段输出为完整的数字动画影片。数字动画制作软件一般会自带一些较为简单的编辑工具，如数字动画制作软件 3D Max 就可以用自带的 Video Post 工具。但一般较为常用的还是一些独立的视频后期制作软件，比如 Adobe 公司的 Premier、友立公司的绘声绘影或索尼公司的 Vegas 等。在数字动画的后期编辑过程中，主要是为数字动画添加简单的转场特效和相应的音频文件，用以提高数字动画的艺术性和可视性。

【思考题】

1. 数字动画的前期准备包括哪些方面？

2. 阐述数字动画的处理流程。

3. 举出常用的数字动画软件的种类。

4. 阐述传统动画与计算机动画的异同。

【实践题】

组织学生到一个数字动画产品开发单位参观，以小组的形式，分别了解一个数字动画产品的开发全过程。参观后，要求每位学生写一份参观报告。

PC–GAME

第 9 章

电脑游戏

本章主要阐述了电脑游戏的定义和种类，论述了网络游戏的四代发展历程，以及中国网络游戏的发展史。

【本章学习要点】

电脑游戏，顾名思义就是在电脑上玩的游戏，是一种本身提供娱乐功能的电脑软件。电脑游戏为游戏参与者提供了一个虚拟的空间，从一定程度上可以让人摆脱现实世界，在另一个世界中扮演真实世界中扮演不了的角色。电脑游戏产业与电脑硬件、电影、电脑软件、互联网的发展联系甚密。同时电脑多媒体技术的发展，使游戏给了人们很多体验和享受。随着数字媒体技术、网络技术的发展，因特网的广泛使用为电脑游戏的发展带来了强大的动力，电脑游戏成为这些技术进步的先行者，电脑游戏很快从单机游戏转化为网络游戏，人们的游戏方式也从人机对玩为主转变为电脑提供游戏平台，通过网络多人进行在线游戏为主，网络游戏已经成为电脑游戏的主要发展方向。

本章主要阐述了电脑游戏的定义和种类，论述了网络游戏的四代发展历程，以及中国网络游戏的发展史。通过本章的学习，学习者可以对电脑游戏产生和发展的历史有清晰的了解。

【本章内容结构】

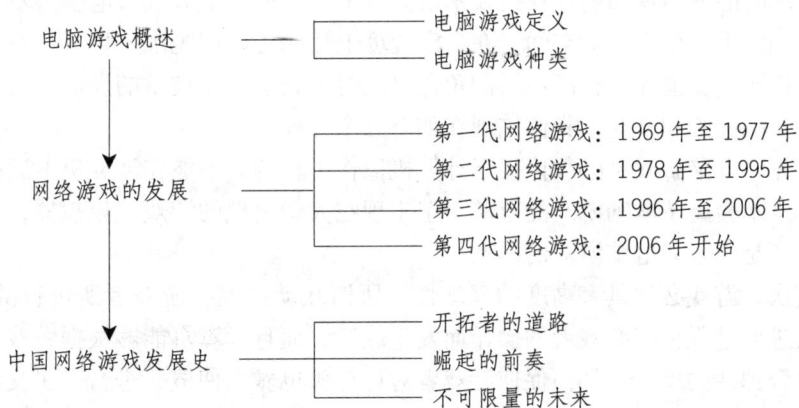

```
电脑游戏概述 ─────┬──── 电脑游戏定义
                 └──── 电脑游戏种类

网络游戏的发展 ────┬──── 第一代网络游戏：1969 年至 1977 年
                 ├──── 第二代网络游戏：1978 年至 1995 年
                 ├──── 第三代网络游戏：1996 年至 2006 年
                 └──── 第四代网络游戏：2006 年开始

中国网络游戏发展史 ─┬──── 开拓者的道路
                  ├──── 崛起的前奏
                  └──── 不可限量的未来
```

211

9.1 电脑游戏概述

游戏产业从诞生、发展到今天虽然只有短短不到 50 年的时间，但游戏平台的发展却已历经了七个时代，数以万计的游戏软件被开发制作出来。电脑游戏是一种新兴的文化现象。电脑游戏是以计算机为操作平台，通过人机互动形式实现的能够体现当前计算机技术较高水平的一种新形式的娱乐方式。近年来，游戏产业发展迅猛，成千上万的游戏开发者将自己的激情、学识和创新投入到这个产业之中。游戏产业服务供给的各个环节逐步完善，产业链初步成形。2008 年中国网络游戏市场规模为人民币 207.8 亿元，预计到 2012 年中国网络游戏的市场规模将达人民币 686.2 亿元，从事游戏开发和运营的公司、游戏产业、游戏周边产业从无到有，发展迅速，游戏产品和游戏产业的社会影响力也越来越大。

9.1.1 电脑游戏定义

电脑游戏是指在电脑或专业电子游戏设备上运行的游戏软件，通过人机交互形式实现的能够体现当前计算机技术较高水平的一种娱乐方式。电脑游戏为游戏参与者提供了一个虚拟的空间，在一定程度上让人可以摆脱现实世界，在另一个世界中扮演真实世界中扮演不了的角色。同时电脑多媒体技术的发展，使游戏给了人们更多体验和享受。具体体现在如下三个方面。

首先，电脑游戏是必须依托于计算机操作平台的，不能在计算机上运行的游戏，肯定不会属于电脑游戏的范畴。至于现在大量出现的游戏机模拟器，原则上来讲，还是属于非电脑游戏的。

其次，游戏必须具有高度的互动性。所谓互动性是指游戏者所进行的操作，游戏的进展过程根据游戏者的操作而发生改变，而且计算机能够根据游戏者的行为做出合理性的反应，从而促使游戏者对计算机也做出回应，进行人机交流。游戏在游戏者与计算机的交替推动下向前进行。游戏者是以游戏参与者的身份进入游戏的，游戏能够允许游戏者进行改动的范围越大，或者说给游戏者的发挥空间越大，游戏者就能得到越多的乐趣。同时，计算机反应的真实性与合理性也是吸引游戏者进行游戏的因素，没有人愿意和傻子讨论政治问题，大多数人只会愿意同水平相当的人下棋。

最后，电脑游戏比较能够体现目前计算机技术的较高水平。一般当计算机更新换代时，计算机游戏也会相应发生较大的变更。计算机厂商尤其是硬件厂商十分注意硬件与游戏软件的配合。很多硬件厂商都主动找到游戏软件开发公司，要求为他们的下一代芯片制作相应能体现芯片卓越性能的游戏。所以有很多游戏在开发时所制定的必须配置都是超前的，以便配合新一代芯片的发售。一般硬件厂商在出售硬件（比如 3D 卡和声卡）时所搭配的软件总会是游戏占大多数。所以在家用计算机技术方面，游戏是能够体现当前技术的较高水平的，也是最能发挥计算机硬件性能的。

9.1.2　电脑游戏种类

电脑游戏软件种类很多，新品频出，大体可分为以下类别。

1. 按是否链接互联网划分

（1）单机游戏。

单机游戏是指仅使用一台计算机或者其他游戏平台就可以独立运行的电子游戏。区别于网络游戏，它不需要专门的服务器便可以正常运转游戏，部分也可以通过局域网进行多人对战。

由于其不必连入互联网也可进行游戏，从而摆脱了很多的限制，只需要一台计算机即可体验游戏，同时也可以通过多人模式来实现玩家间的互动，当今的很多单机游戏都是精工细做而成，更能呈现出较好的画面、优良的游戏性，相比网络游戏而言更有可玩性，游戏的种类更加丰富，各种游戏类型数不胜数。但如果没有好的配置也可以玩一些不需要高配置的游戏。

单机游戏往往比网络游戏的画面更加细腻，剧情也更加丰富、生动。在游戏主题的故事背景下展开的一系列游戏体验，往往给人一种身临其境的感觉。而且很多发展至今已经有多部作品的单机游戏系列，大多都如电影般讲述了一个波澜起伏的精彩故事，并且让玩家将自己融入到故事中，去闯荡属于自己的另一个世界，打造自己的传奇经历。

当今主要单机游戏出品商有 EA、Activision Blizzard、任天堂、2K Games、KONAMI、光荣、CAPCOM、THQ、Infinity Ward、Ubsoft、Falcom 等公司。

单机游戏的好处还在于较不易上瘾，不会牵扯太多的时间与精力，更注重休闲娱乐性，是真正的好玩的游戏！

（2）网络游戏。

网络游戏又称"在线游戏"，简称"网游"，是指以互联网为传输媒介，以游戏运营商服务器和用户计算机为处理终端，以游戏客户端软件为信息交互窗口的旨在实现娱乐、休闲、交流和取得虚拟成就的具有相当可持续性的个体性多人在线游戏。

网络游戏相对单机游戏而言的区别，在于玩家必须通过互联网连接来进行多人游戏，而单机游戏模式多为人机对战。网络游戏的诞生让人类的生活更丰富，从而促进全球人类社会的进步。

2. 按游戏性质划分

（1）角色扮演。

在游戏中，玩家扮演虚拟世界中的一个或者几个特定角色在特定场景下进行游戏。角色根据不同的游戏情节和统计数据（例如力量、灵敏度、智力、魔法等）具有不同的能力，而这些属性会根据游戏规则在游戏情节中改变。有些游戏的系统可以据此而改进。例如，《英雄传说》系列、《仙剑》系列游戏的主要游戏思路旨在让玩家在游戏中体验另外一种生活，培养自己的角色。

（2）动作。

玩家控制游戏人物用各种武器消灭敌人以过关的游戏，不追求故事情节，如熟悉的《超级玛丽》、可爱的《星之卡比》、华丽的《波斯王子》等。电脑上的动作游戏大多脱胎于早期的街机游戏和动作游戏，如《魂斗罗》、《三国志》等，设计主旨是面向普通玩家，以纯粹的娱乐休闲为目的，一般有少部分简单的解谜成分，操作简单，易于上手，紧张刺激，属于"大众化"游戏。

动作游戏讲究打击的爽快感和流畅的游戏感觉，其中日本 CAPCOM 公司出品的动作游戏最具代表性。在 2D 系统上来说，应该是在卷动（横向，纵向）的背景上，根据代表玩家的活动块与代表敌人的活动块以攻击判定和被攻击判定进行碰撞计算，加入各种视觉、听觉效果而成的游戏。其中经典的游戏有《快打旋风 FINAL FIGHT》，《龙与地下城 D&D》系列，《红侠乔伊 VIEATLFUL JOE》。随着 3D 技术的迅速发展，动作类游戏获得了进一步的发展，3D 技术在游戏中的应用使实现更真实、更流畅的动作成为可能。代表作品为《合金装备 METAL GEAR SOLID》系列，《分裂细胞 SPLIT CELL》系列。

（3）冒险。

由玩家控制游戏人物进行虚拟冒险的游戏。冒险游戏的特色是故事情节往往以完成一个任务或解开某些谜题的形式出现，而且在游戏过程中刻意强调谜题的重要性。冒险游戏也可再细分为动作类和解谜类两种，动作类可以包含一些格斗或射击成分，如《生化危机》系列、《古墓丽影》系列、《恐龙危机》等；而解谜类则纯粹依靠解谜拉动剧情的发展，难度系数较大，代表作品是超经典的《神秘岛》系列。

冒险游戏刚出现时，指的是类似《神秘岛》系列那样的平面探险游戏，多根据各种推理小说、悬念小说及惊险小说改编而来，基本上是载入图片，播放文字、音乐、音效，然后循环，偶尔会有玩家的互动，但是很有限，玩家的主要任务是体验其故事情节。直到《生化危机》系列诞生以后才重新定义了这一新类型，产生了融合动作游戏要素的冒险游戏，最具代表性的作品就是 Capcom 的《生化危机 BIOHAZARD》系列、《鬼泣 DEVIL MAY CRY》系列、《鬼武者》系列。

（4）策略。

策略是一种广泛存在于图板游戏、电视游戏和电脑游戏的游戏形式。依照安排决策进行顺序的方式，可以分为即时战略游戏和回合制战略游戏，在即时战略游戏中，所有的决策都是即时进行的，即游戏是连续的，游戏者可以在游戏进行中的任何时间做出并完成决策；而回合制战略游戏则相反，游戏是基于回合的。在回合制战略游戏中，参与者要依照游戏规则轮流做出决策，只有当一方完成决策后其他参与者才能进行决策。大部分非电脑游戏都是回合制战略游戏，然而也有极少数的非电脑战略游戏是即时战略的。最具代表性的作品有《魔兽争霸》、《帝国时代》、《魔法门英雄无敌》等。

（5）即时战略。

即时战略本来属于策略游戏的一个分支，但由于其在世界上的迅速风靡，使之慢慢发展成了一个单独的类型，知名度甚至超过了策略游戏。即时战略包含采集、建造、发展等战略元素，同时其战斗以及各种战略元素的进行都采用即时制，代表作有《星际争霸》、《魔兽争霸》系列、《帝国时代》系列等。后来，又衍生出了所谓的"即时战术游戏"，即各种战略元素不以或不全以即时制进行，或者少量包含战略元素。即时战术游戏多以控制一个小队完成任务的方式，突出战术的作用，以《盟军敢死队》为代表。

即时战略游戏是战略游戏发展的最终形态。玩家在游戏中为了取得战争的胜利，必须不停地进行操作，因为"敌人"也在同时进行着类似的操作。就系统而言，因为 CPU 的指令执行不可能是同时的，而是序列的，为了给玩家造成"即时进行"的感觉，必须把游戏中各个势力的操作指令在极短的时间内交替执行。因为 CPU 的运算足够快，交替的时间间隔就非常小。即时战略游戏的代表作品有 Westwood 的《命令与征服》系列、《红色警戒》系列，Blizzard 的《星际争霸》、《魔兽争霸》系列，目标的《傲世三国》系列等。

（6）格斗。

格斗是由玩家操纵各种角色与电脑或另一玩家所控制的角色进行格斗的游戏，游戏节奏很快，耐玩度非常高。其可分为 2D 和 3D 两种，2D 格斗游戏有著名的《街头霸王》系列、《侍魂》系列、《拳皇》系列等；3D 格斗游戏有《铁拳》、《死或生》等。此类游戏谈不上什么剧情，最多有个简单的场景设定或背景展示。场景布置、人物造型、操控方式等也比较单一，但操作难度较大，对技巧要求很高，主要依靠玩家迅速的判断和操作取胜。

215

（7）射击。

射击游戏是指纯粹的飞机射击，或者在敌方的枪林弹雨中生存下来，一般由玩家控制各种飞行物（主要是飞机）完成任务或过关的游戏。此类游戏分为两种，一种叫科幻飞行模拟游戏（SSG = Science-Simulation Game），以非现实的想象空间为内容，如《自由空间》、《星球大战》系列等；另一种叫真实飞行模拟游戏（RSG = Real-Simulation Game），以现实世界为基础，以真实性取胜，追求拟真，达到身临其境的感觉，如《皇牌空战》系列、《苏－27》等。另外，还有一些模拟其他武器的游戏也可归为射击游戏，比如模拟潜艇的《猎杀潜航》，模拟坦克的《野战雄狮》等。射击游戏按照视角版面可以分为纵版、横版、主观视角。纵版最为常见，如街机中的《雷电》、《鲛鲛鲛》、《空牙》等，都堪称经典之作；横版是横轴射击，如《沙罗曼蛇》系列、《战区88》等；主观视角是仿真，模拟战机就属此类。

（8）第一人称视角射击。

严格来说第一人称视角射击游戏是属于动作游戏的一个分支，由于其在世界上的迅速风靡，使之发展成为一个单独的类型。第一人称视角射击游戏在诞生的时候，因3D技术的不成熟，无法展现出它的独特魅力，仅仅是给予玩家极其强烈的参与感。随着3D技术的不断发展，第一人称视角射击游戏也向着更逼真的画面效果不断前进，可以说，第一人称视角射击游戏是完全为表现3D技术而诞生的游戏类型。代表作品有《虚幻竞技场》系列、《半条命》系列、《使命召唤》系列、《雷神之锤》系列。

（9）益智。

益智游戏是指以前用来培养儿童智力的拼图游戏，引申为各类有趣的益智游戏，益智游戏多需要玩家对游戏规则进行思考判断，其系统表现相当多样化，主要依游戏规则制定。由于对游戏操作不需要太高要求，是现在受众面最广的游戏类型之一，总的来说适合休闲，最经典的就是大家耳熟能详的《俄罗斯方块》，还有如《泡泡龙》、《祖玛》、《宝石迷阵》、《连连看》等。

（10）竞速。

竞速游戏是在电脑上模拟各类赛车运动的游戏，通常是在比赛场景下进行，非常讲究图像音效技术，往往是代表电脑游戏的尖端技术。惊险刺激，真实感强，深受车迷喜爱，代表作有《极品飞车》、《山脊赛车》、《摩托英豪》等。目前，竞速游戏内涵越来越丰富，出现了另一些其他模式的竞速游戏，如赛艇、赛马等。

竞速游戏以体验驾驶乐趣为游戏述求，给予玩家在现实生活中不易达到的各种"汽车"竞速体验，玩家在游戏中的唯一目的就是"最快"。2D竞速游戏的

216

系统就是系统给定的路线（多为现实中存在的著名赛道）内，根据玩家的速度值控制背景画面的卷动速度，让玩家在躲避各种障碍的过程中，在限定的时间内赶到终点。由于 2D 的制约，很难对"速度"这一感觉进行模拟，所以成功作品相当有限，日本任天堂公司的《F ZERO》应该是其中最有代表性的作品。到 3D 竞速游戏时代，3D 技术构建的竞速游戏世界终于充分发挥了速度的魅力。代表作品有 EA 的《极品飞车》系列、NAMCO 的《山脊赛车》系列、SCE 的《GT 赛车》系列等。

（11）体育。

体育游戏是指在电脑上模拟各类竞技体育运动的游戏，花样繁多，模拟度高，广受欢迎，如《实况足球》系列、《NBA Live》系列、《FIFA》系列、《2K》系列、《ESPN 体育》系列等。

（12）卡片。

卡片游戏是指由玩家操纵角色通过卡片战斗模式来进行的游戏。丰富的卡片种类使得游戏富于多变化性，给玩家无限的乐趣，代表作有著名的《信长的野望》系列、《游戏王》系列、《武侠 Online》。此外还有"集换式卡牌游戏"，是用特定主题的卡牌构成自己的卡堆，利用各种卡牌和战略跟对方进行对战的卡牌游戏。目前全世界最热门的卡片游戏当属威世智公司所出品的以西方的神话传说为背景的纸牌游戏"万智牌"。

（13）桌面。

桌面游戏是从以前的桌面游戏脱胎到各种游戏平台上的游戏，如各类强手棋（即掷骰子决定移动格数的游戏），经典的如《大富翁》系列；棋牌类游戏，如《拖拉机》、《红心大战》、《麻将》。由于桌面游戏的互动性非常强，一些外国人喜欢将桌面游戏称之为社交游戏。最近又出现了多款流行桌面游戏，如杀人游戏、Uno 纸牌、角斗士、Bang、卡卡颂等，由于这些游戏的趣味性和可玩性都非常高，吸引了不少桌面游戏爱好者。

（14）音乐。

音乐游戏是培养玩家音乐敏感性，增强音乐感知的游戏。音乐游戏的诞生以日本 KONAMI 公司的《复员热舞革命》为标志，诞生之初就受到业界及玩家的广泛好评。音乐游戏其系统说起来相对简单，就是玩家在准确的时间内做出指定的输入，伴随美妙的音乐，有的要求玩家翩翩起舞，有的要求玩家做手指体操，结束后给出玩家对节奏把握的程度的量化评分。这类游戏的主要卖点在于各种音乐的流行程度。例如大家都熟悉的跳舞机，就是个典型，目前的人气网游《劲乐团》也属其列。这类游戏的代表作品有《复员热舞革命》系列、《太鼓达人》系列、《DJ》系列。

217

（15）恋爱。

恋爱游戏是指让玩家回到初恋的年代，回味感人的点点滴滴，模拟恋爱的游戏。目前的恋爱类游戏主要是为男性玩家服务的，也有个别女性的，可以训练追求的技术和忍耐的技术。代表作有日本的《心跳回忆》系列、《思君》，国内的《青涩宝贝》、《秋忆》等。

9.2　网络游戏的发展

了解过去才能明白现在，分析现在才能知未来，游戏的发展历史只有短短的几年，但它的发展却超出了所有人的想象，就连最聪明的微软老板比尔·盖茨也后悔没早点进入这个行业，下面就简单介绍一下游戏的历史，其中的每一个人物，每一个公司，每一个游戏产品都可以单独拿出来写本书，而且还充满趣味。

9.2.1　第一代网络游戏：1969 年至 1977 年

1. 背景

由于当时的计算机硬件和软件尚无统一的技术标准，因此第一代网络游戏的平台、操作系统和语言各不相同。它们大多为试验品，运行在高等院校的大型主机上，如美国的麻省理工学院、弗吉尼亚大学，以及英国的埃塞克斯大学。

2. 游戏特征

（1）非持续性，机器重启后游戏的相关信息即会丢失，因此无法模拟一个持续发展的世界。

（2）游戏只能在同一服务器/终端机系统内部执行，无法跨系统运行。

第一款真正意义上的网络游戏可追溯到 1969 年，当时瑞克·布罗米为 PLA-TO（Programmed Logic for Automatic Teaching Operations）系统编写了一款名为"太空大战"（Space War）的游戏，游戏以八年前诞生于麻省理工学院的第一款电脑游戏《太空大战》为蓝本，不同之处在于，它可支持两人远程连线。

PLATO 是历史上最为悠久也是最著名的一套远程教学系统，由美国伊利诺伊州厄本姆的伊利诺伊大学开发于 20 世纪 60 年代末，其主要功用是为不同教育程度的学生提供高质量的远程教育，它具有庞大的课程程序库，可同时开设数百门课，可以记录下每一位学生的学习进度。PLATO 还是第一套分时共享系统，它运行于一台大型主机而非微型计算机上，因此具有更强的处理能力和存储能力，这使得它所能支持的同时在线人数大大增加。1972 年，PLATO 的同时在线人数已达到 1 000 多名。

那些年里，PLATO 平台上出现了各种不同类型的游戏，其中一小部分是供学生自娱自乐的单机游戏，而最为流行的则是可在多台远程终端机之间进行的联机游戏，这些联机游戏即是网络游戏的雏形。尽管游戏只是 PLATO 的附属功能，但共享内存区、标准化终端、高端图像处理能力和中央处理能力、迅速的反应能力等特点令 PLATO 能够出色地支持网络游戏的运行，因此在随后的几年内，PLATO 成了早期网络游戏的温床。

PLATO 系统上最流行的游戏是《圣者》（*Avatar*）和《帝国》（*Empire*），前者是一款为"龙与地下城"设定的网络游戏，后者是一款以"星际迷航"为背景的网络游戏。这些游戏绝大多数是程序员利用业余时间编写并免费发布的，他们只是希望自己的游戏能获得大家的认可。当然，也有一些开发者通过自己的游戏获得了收入，但通常每小时只有几美分，并且还得在若干作者之间进行分配。

PLATO 在游戏圈内并未获得其应有的荣誉和地位，但这并不能抹杀它对网络游戏以及整个游戏产业所作出的贡献。PLATO 上的不少游戏日后都被改编为游戏机游戏和 PC 游戏，例如《空中缠斗》（*Air Fight*）的作者在原游戏的基础上开发了《飞行模拟》（*Flight Simulator*），20 世纪 80 年代初，这款游戏被微软收购并改名为《微软飞行模拟》，成为飞行模拟类游戏中最畅销的一个系列。1974年推出的《帝国》是第一款允许 32 人同时在线的游戏，这一联机游戏模式成为现代即时策略游戏的标准模式。1975 年发布的《奥布里特》（*Oubliette*）是一款地牢类游戏，大名鼎鼎的角色扮演游戏《巫术》（*Wizardry*）系列即源于此。

有趣的是，1969 年也正是 ARPAnet（Advance Research Projects Agency Network）诞生的年份。ARPAnet 是美国国防部高级研究计划署研制的世界上首个包交换网络，它的成功直接促成了互联网以及传输控制协议（即 TCP/IP）的诞生。

9.2.2 第二代网络游戏：1978 年至 1995 年

1. 背景

一些专业的游戏开发商和发行商开始涉足网络游戏，如 Activision、Interplay、Sierra Online、Stormfront Studios、Virgin Interactive、SSI 和 TSR 等，都曾在这一阶段试探性地进入这一新兴产业，它们与 GEnie、Prodigy、AOL 和 CompuServe 等运营商合作，推出了第一批具有普及意义的网络游戏。

2. 游戏特征

（1）网络游戏出现了"可持续性"的概念，玩家所扮演的角色可以成年累月地在同一世界内不断发展，而不像 PLATO 上的游戏那样，只能在其中扮演一个匆匆过客。

（2）游戏可以跨系统运行，只要玩家拥有电脑和调制解调器，且硬件兼容，就能连入当时的任何一款网络游戏。

3. **商业模式**

网络游戏市场的迅速膨胀刺激了网络服务业的发展，网络游戏开始进入收费时代，许多消费者都愿意支付高昂的费用来玩网络游戏。从《凯斯迈之岛》的每小时 12 美元到 GEnie 的每小时 6 美元，第二代网络游戏的主流计费方式是按小时计费，尽管也有过包月计费的特例，但未能形成气候。

1978 年，在英国的埃塞克斯大学，罗伊·特鲁布肖用 DEC-10 编写了世界上第一款 MUD 游戏——"MUD1"，这是一个纯文字的多人世界，拥有 20 个相互连接的房间和 10 条指令，用户登录后可以通过数据库进行人机交互，或通过聊天系统与其他玩家交流。

特鲁布肖离开埃塞克斯大学后，把维护 MUD1 的工作转交给了理查德·巴特尔，巴特尔利用特鲁布肖开发的 MUD 专用语言——"MUDDL"继续改进游戏，他把房间的数量增加到 400 个，进一步完善了数据库和聊天系统，增加了更多的任务，并为每一位玩家制作了计分程序。

1980 年，埃塞克斯大学与 ARPAnet 相连后，来自国外的玩家大幅增加，吞噬了大量系统资源，致使校方不得不限制用户的登录时间，以减少 DEC-10 的负荷。20 世纪 80 年代初，巴特尔出于共享和交流的目的，把 MUD1 的源代码全盘托出供同事及其他大学的研究人员参考，于是这套源代码就流传了出去。到 1983年末，ARPAnet 上已经出现了数百份非法拷贝，MUD1 在全球各地迅速流传开来，并出现了许多新的版本。如今，这套最古老的 MUD 系统已被授权给美国最大的在线信息服务机构之一——CompuServe 公司，易名为"不列颠传奇"，至今仍在运行之中，成为运作时间最长的 MUD 系统。

MUD1 是第一款真正意义上的实时多人交互网络游戏，它可以保证整个虚拟世界的持续发展。尽管这套系统每天都会重启若干次，但重启后游戏中的场景、怪物和谜题仍保持不变，这使得玩家所扮演的角色可以获得持续的发展。MUD1的另一重要特征是，它可以在全世界任何一台 PDP-10 计算机上运行，而不局限于埃塞克斯大学的内部系统。

1982 年，约翰·泰勒和凯尔顿·弗林组建 Kesmai 公司，这家公司在网络游戏的发展史上留下了不少具有纪念意义的作品。Kesmai 公司的第一份合约是与CompuServe 签订的，当时约翰·泰勒看见了 CompuServe 打出的一则名为"太空战士"（*Mega Wars*）的广告——"如果你能编写一款这样的游戏，你就能获得每月 3 万美元的版税金"，他便把同凯尔顿·弗林一起开发的《凯斯迈之岛》（*The Island of Kesmai*）的使用手册寄了一份给当时在 CompuServe 负责游戏业务的比尔·洛登，洛登对此很感兴趣。《凯斯迈之岛》的运行平台为 UNIX 系统，而 CompuServe 使用的是 DEC-20 计算机，于是 Kesmai 公司重新为 CompuServe 开发了一个 DEC-20 的版本。这款游戏运营了大约 13 年，1984 年开始正式收费，收费标准为每小时 12 美元。同年，MUD1 也在英国的 Compunet 上推出了第一个商业版本。

1984 年，马克·雅克布斯组建 AUSI 公司（《亚瑟王的暗黑时代》的开发者 Mythic 娱乐公司的前身），并推出游戏《阿拉达特》（*Aradath*）。雅克布斯在自己家里搭建了一个服务器平台，安装了 8 条电话线以运行这款文字角色扮演游戏，游戏的收费标准为每月 40 美元，这是网络游戏史上第一款采用包月制的网络游戏，包月制的收费方式有利于加速网络游戏的平民化进程，对网络游戏的普及起到重要作用。遗憾的是，包月制在当时并没有成长起来的条件，1990 年，AUSI 公司为《龙门》（*Dragon's Gate*）定的价格为每小时 20 美元，尽管费用高得惊人，但仍有人愿意每月花上 2 000 多美元去玩这款游戏，因此在 80 年代末 90 年代初，包月制并未引起人们的关注。

1985 年，比尔·洛登说服通用电气公司（GE）的信息服务部门投资建立了一个类似 CompuServe 的、商业化的、基于 ASCII 文本的网络服务平台，这套平台被称为 GEnie（GE Network for Information Exchange）。GEnie 于 10 月份正式启动，其低廉的收费标准在用户中间引起巨大反响，也令一向有着强烈优越感的 CompuServe 感到了竞争的压力。GEnie 系统实际上是利用 GE 信息服务部门的服务器在夜晚的空闲时间为用户提供服务，因此收费非常低廉，晚上的价格约为每小时 6 美元，几乎是 CompuServe 的一半。

同年 11 月，Quantum Computer Services（AOL 的前身）毫无声息地推出了 QuantumLink 平台，这是一个专为 Commandore 64/128 游戏机玩家服务的图形网络平台，费率仅为每月 9.95 美元。这一收费标准完全可以成为网络游戏发展史上的一个重要里程碑，但由于当时的 Commandore 64/128 游戏机已步入衰退期，因此，这项具有革命意义的收费标准如同雅克布斯的"家庭作坊"一样，未能引起人们的重视，否则网络游戏的革命很可能会提前到来。

无论如何，更多运营商的介入令网络服务业的竞争激烈了起来，费用的下调已成必然趋势。这一阶段的美国网络游戏业如同现阶段国内的网络游戏业，运营商与游戏商在网络游戏身上大赚了一笔。1988 年，Quantum 从 TSR 手中购得"龙与地下城"的授权，三年后，第一款 AD&D 设定的网络游戏——《夜在绝冬城》（*Neverwinter Nights*）诞生，这款游戏运营了若干年，尽管所采用的图像技术陈旧不堪，但仅在它生命周期的最后一年，即 1996 年，就为 AOL 带来了 500 万美元的收益。

221

1991 年，Sierra 公司架设了世界上第一个专门用于网络游戏的服务平台——The Sierra Network（后改名为 ImagiNation Network，1996 年被 AOL 收购），这个平台有点类似于国内的联众游戏，它的第一个版本主要用于运行棋牌游戏（当时的比尔·盖茨是一名狂热的桥牌手，在 Sierra Network 上拥有自己的账号，且常常光顾），第二个版本加入了《叶塞伯斯的阴影》（*The Shadow of Yserbius*）、《红色伯爵》（*Red Baron*）和《幻想空间》（*Leisure Suit Larry Vegas*）等功能更为复杂的网络游戏。当时 Sierra Network 的运营者还曾同理查德·加利奥特联系，希望把开发中的《网络创世纪》搬到 Sierra Network 上。随后几年内，MPG-Net、TEN、Engage 和 Mplayer 等一批网络游戏专用平台相继出现。

9.2.3 第三代网络游戏：1996 年至 2006 年

1. 背景

越来越多的专业游戏开发商和发行商介入网络游戏，一个规模庞大、分工明确的产业生态环境最终形成。人们开始认真思考网络游戏的设计方法和经营方法，希望归纳出一套系统的理论，这是长久以来所一直缺乏的。

2. 游戏特征

"大型网络游戏"（MMOG）的概念浮出水面，网络游戏不再依托于单一的服务商和服务平台而存在，而是直接接入互联网，在全球范围内形成了一个大的统一市场。

3. 商业模式

包月制被广泛接受，成为主流的计费方式，从而把网络游戏带入了大众市场。

第三代网络游戏始于 1996 年秋季《子午线 59》的发布，这款游戏由 Archetype 公司独立开发。Archetype 公司的创建者为克姆斯兄弟，即将发售的《模拟人生在线》的设计师迈克·塞勒斯和已被取消的《网络创世纪 2》的设计师戴蒙·舒伯特都曾在这家公司工作过。

《子午线 59》本应是一款划时代的作品，可惜发行商 3DO 公司在决策过程中出现了重大失误，在游戏的定价问题上举棋不定，面对《网络创世纪》这样强大的竞争对手，先机尽失，"第一网络游戏"的头衔终被《网络创世纪》夺走。《网络创世纪》于 1997 年正式推出，用户人数很快就突破了 10 万大关。

《子午线 59》和《网络创世纪》均采用了包月的付费方式，而此前的网络游戏绝大多数均是按小时或分钟计费（收费前通常会有一段时间的免费使用期）。采用包月制后，游戏运营商的首要经营目标已不再是放在如何让玩家在游戏里付出更多的时间上，而是放在了如何保持并扩大游戏的用户群上。与目前国内众多网络游戏"捞一票即走"的心态相比，月卡、季度卡和年卡等付费方式无疑更有利于网络游戏的长远发展，尽管从眼前来看，或许会失去部分经济利益。

《网络创世纪》的成功加速了网络游戏产业链的形成，随着互联网的普及以及越来越多的专业游戏公司的介入，网络游戏的市场规模迅速膨胀起来，这其中既有《无尽的任务》、《天堂》、《艾莎隆的召唤》和《亚瑟王的暗黑时代》的成功，也有《网络创世纪2》、《银河私掠者在线》和《龙与地下城在线》的被取消。一些传统的单机游戏开发商，如 Maxis、Westwood 和暴雪等，也依托自己的品牌实力加入进来，而更重要的则是一批中小开发商的涌现，它们在为网络游戏市场创造更丰富、更多样化的内容的同时，也为整个游戏业带来了不安定的泡沫因素。

《魔兽世界》（*World of Warcraft*）同样是一部少有的网络游戏杰作，是著名的游戏公司暴雪（Blizzard Entertainment）所制作的第一款网络游戏，属于大型多人在线角色扮演游戏（3D Massively Multiplayer Online Role-Playing Game）。本游戏以该公司出品的即时战略游戏《魔兽争霸》的剧情为历史背景，是除《魔兽争霸》资料片以及被取消的《魔兽争霸：魔族王子》（*Warcraft Adventures*：*Lord of the Clans*）之外《魔兽争霸》系列第四款游戏。玩家把自己当作魔兽世界中的一员在这个广阔的世界里探索、冒险、完成任务。作为"大型多人游戏"，魔兽世界为成千上万的玩家提供了舞台。新的历险、探索未知的世界、征服怪物，在这个过程中，一个富有献身精神的活跃的队伍能为我们不断注入活力。魔兽世界的内容使该游戏摆脱了累月的枯燥的练级，并带来了新的挑战和冒险。

《魔兽世界》背景可以追溯到 1994 年发行的《魔兽争霸》，在 2003 年《魔兽争霸 III：冰封王座》之后暴雪公司正式宣布了《魔兽世界》的开发计划（之前已经秘密开发了数年之久），魔兽世界于 2004 年年中在北美公开测试，2004 年 11 月开始在美国发行，发行的第一天已经受到广大玩家的热烈支持。2005 年初，韩国和欧洲服务器相继进行公测并发行，反应同样热烈火爆。中国内地亦已于 2005 年 6 月正式收费运营。暴雪在 2007 年 1 月宣布，《魔兽世界》的全球注册用户数量超过 800 万，其中北美 200 万，欧洲 150 万，中国 350 万。到 2008 年 1 月，暴雪宣布全球注册用户已经超过了 1 000 万。

9.2.4 第四代网络游戏：2006 年开始

随着 WEB 技术的发展，在网站技术上各个层面得到提升，国外已经开始兴起许多的"无端网游"，即不用客户端也能玩的游戏，也叫网页游戏或 webgame web 游戏，也有一些公司宣称"老板眼皮底下也能玩的游戏"。许多依靠 WEB 技术支持就能玩的在线多人游戏类型，受到办公室白领一族的追捧，2007 年开始，中国内地也陆续开始有许多网页游戏开始较大规模的运营，网页游戏作为网络游戏的一个分支已经逐渐形成。

9.3 中国网络游戏发展史

"网络让我们的地球变成一个村落！"它代表了人类一种广泛沟通的欲望。回顾网络游戏的历史，我们应以史明鉴，了解过去，展望未来，为读者开放一个头脑风暴的空间，给读者一个未来发展的框架，让读者自己去发现未来的可能性。

9.3.1 开拓者的道路

第一批进入中国内地的网络游戏之一《万王之王》获得巨大的成功。随后，由北京华义代理的《石器时代》于 2001 年 1 月正式上市。由亚联游戏代理的《千年》紧跟在 2001 年 2 月开始测试，4 月开始正式收费。

到 2001 年 6 月止，网络游戏进入中国内地的一年间，市场上推出的网络游戏数量达到数十款，呈现出一片欣欣向荣的景象。网络游戏的火爆登场，引起了众多媒体的关注，一批网络游戏的专业媒体在此期间显露头角。然而，在网络游戏从无到有快速成长的背后，不可否认存在成长过快所带来的问题，如盲目引进游戏、游戏运营管理混乱等。早期中国网络游戏的发展，并没有进行良好的产业规划，存在着一定的自发性。因而早期的网络游戏，除少部分仍能成功运营外，大部分都惨淡经营或已退出市场。

2000 年 6 月 华彩公司正式发行中国内地第一款大型多人在线 RPG《万王之王》；

2000 年 7 月《大众网络报》创刊，开辟了第一个网络游戏版块；

2000 年 9 月 智冠公司制作的《网络三国》正式发行；

2000 年 11 月 宇智科通正式推出《黑暗之光》；

2001 年 1 月 北京华义代理的《石器时代》正式上市；

2001 年 3 月 北京中文之星出品的《第四世界》正式上市；

2001 年 3 月 亚联游戏代理的《千年》正式上市。

9.3.2　崛起的前奏

从《万王之王》进入中国开始，就注定与之相关的许多方面备受影响，其中受影响最大的则是单机游戏市场。到了 2001 年，网络游戏的市场规模与多年形成的单机游戏的市场规模相当。

一个接一个新网络游戏测试及上市的消息几乎充斥了 2001 年下半年的网络游戏市场。但 2000 年下半年与 2001 年上半年不同，这一时期开始有一些资深的单机游戏厂商加入，他们在单机游戏市场运作方面的心得，再加上之前已经上市网络游戏的运营经验，使中国网络游戏开始步入稳定成熟的发展期。大部分在今天占据主要地位的网络游戏代理商都在这一时期显露头角，而在未来发展中起推动作用的大量网络游戏也都在这时开始测试及进行准备工作。

与此同时，网络游戏的相关媒体如《大众网络报》也表现得更成熟，他们在对网络游戏的诠释和指导玩家正确进行游戏方面表现得更加有力。可以看到，在这一时期，媒体与运营商之间开始了更频繁、更广泛的合作，为网络游戏向成熟稳重的方向发展起到了推波助澜的作用。

2001 年 7 月 第三波戏谷代理的《龙族》正式上市；

2001 年 7 月 亚联游戏第二款网络游戏《红月》正式上市；

2001 年 7 月 游龙在线推出《金庸群侠传 Online》；

2001 年 7 月 华彩公司发行的《三国世纪》正式上市；

2001 年 10 月 天府热线游戏中心正式成立；

2001 年 11 月 网易推出《大话西游 Online》；

2001 年 11 月 上海盛大代理的《传奇2》正式上市；

2002 年 1 月 网星公司代理的《魔力宝贝》上市；

2002 年 1 月 捷三峰公司代理的《倚天》上市。

中国网络游戏产业现在已经处在一个稳定成熟的发展阶段。从整体来看，这个阶段中国网络游戏产业的发展呈现出统一性和协调性，并且逐渐形成了完整的产业链，处于产业链上的渠道销售商、点卡销售商、上网服务业（网吧等）和媒体等，伴随着网络游戏产业逐渐强大的脉搏，飞速发展起来。而占据产业整体链条上最关键地位的网络游戏运营商，变得更加成熟和理智。同时，网络游戏公司与主要电信公司和网络厂商也建立了非常紧密的合作关系。

2002 年 5 月 蝉童软件推出《决战》；

2002 年 6 月 网易推出《精灵》的测试活动；

2002 年 7 月 游龙在线推出《三国演义 Online》并开始正式收费；

225

2002 年 7 月 捷三峰公司为其第二款网络游戏《圣者无敌》展开测试活动；

2002 年 7 月 上海盛大代理的第二款网络游戏《疯狂坦克 2》开始测试；

2002 年 7 月《传奇 2》同时在线人数突破 50 万，成为世界上最大的网络游戏；

2002 年 8 月 游戏橘子开展《混乱冒险》测试活动；

2002 年 8 月 第九城市为其代理的《奇迹》展开测试活动。

9.3.3　不可限量的未来

根据文化部公布的统计数据，2009 年中国网络游戏市场保持了较好的运行态势，市场规模继续稳定增长，产品类型不断丰富，企业竞争相对激烈，市场结构不断优化，国产网络游戏产品市场份额显著扩大，海外产品出口取得良好收益，网络游戏市场总体呈现出平稳有序的发展态势。

从市场规模来看，2009 年中国网络游戏市场规模达到 258 亿元人民币。其中国产网络游戏占总体市场规模的 61.2%，从 2001 到 2009 年均复全增长率超过 40%。

从产品规模来看，拥有自主知识产权的网络游戏产品市场份额显著扩大。到 2009 年底，中国市场上共有 361 款大型网络游戏处于开放测试或者商业化运营阶段，2009 全年共有 115 款大型网络游戏产品通过审查或备案后上线运营，其中国产游戏 80 款、进口游戏 35 款。从海外出口来看，2009 年中国网络游戏海外出口收入达到 1.06 亿美元。

从 2010 年开始，几项关键技术的成熟，将促进游戏更为普及：

1. 真 3D 技术

随着《阿凡达》的成功，真 3D 技术的成熟，真 3D 电视的逐渐普及，游戏的效果将更为震撼，人们将更真实地体验到游戏的环境，未来真 3D 游戏将出现爆发性的增长。并伴随着真 3D 游戏，出现 3D 展示、环境仿真、仿真培训等类似的应用。

2. 3G、4G、Wlan 等无线宽带网络技术

随着 3G、4G、Wlan 等无线宽带网络的普及，网络带宽不断扩大，将使网络游戏突破游玩空间限制。

3. 手持移动设备

随着 Apple iPad 的推出，以后会出现更多品种的设备，来满足人们的娱乐需求，结合无线网络，由此游戏无时无处不在的愿望得以实现。

即使按 2009 年 258 亿的市场规模，年均 40% 的增长率计算，2015 年市场也

将达到 1 942 亿，2020 年已达到 10 447 亿，比现有市场扩大 40 倍，可以想象未来的游戏市场不可限量。

【思考题】

1. 说明电脑游戏的定义。
2. 举出 5 种电脑游戏类型。
3. 阐述网络游戏的发展过程。
4. 从自身角度出发分析网络游戏对青少年以及对社会、家庭的影响。

【实践题】

组织学生到一个电脑游戏制作单位参观，以小组的形式，分别了解一个电脑游戏产品的开发全过程。参观后，要求每位学生写一份参观报告。

参考文献

[1] 张元. 多媒体技术与应用：计算机动漫设计. 北京：科学出版社，2006

[2] David Hillman. 数字媒体：技术与应用. 熊澄宇等译. 北京：清华大学出版社，2002

[3] 陈利群，童芳，吕一新，陈诚等. 计算机多媒体艺术导论. 北京：中国水利水电出版社，2006

[4] 刘惠芬. 数字媒体设计. 北京：清华大学出版社，2006

[5] 冯广超. 数字媒体概论. 北京：中国人民大学出版社，2004

[6] 陈伟等. 突破瓶颈：Premiere 影视后期编辑的革命. 北京：清华大学出版社，2007

[7] Richard Lewis，James Luciana. 数字媒体导论. 郭畅译. 北京：清华大学出版社，2006

[8] 赵子忠. 内容产业论：数字新媒体的核心. 北京：中国传媒大学出版社，2005

[9] 朱耀庭，穆强. 数字化多媒体技术与应用. 北京：电子工业出版社，2006

[10] 张文俊等. 数字媒体技术基础. 上海：上海大学出版社，2007

[11] 刘毓敏，杨晓宏. 数字媒体设计基础. 北京：国防工业出版社，2007

[12] 李四达. 数字媒体艺术史. 北京：清华大学出版社，2008

[13] 王善利，刘伟信，张丽娟. 多媒体技术教程. 北京：清华大学出版社，2006

[14] 张正兰等. 多媒体技术及其应用. 北京：北京大学出版社，2006

[15] 郭宁宁. 多媒体实用技术. 北京：清华大学出版社，2006

[16] 彭波，孙一林. 多媒体技术及应用. 北京：机械工业出版社，2006

[17] 彭礼孝. "动画时尚"全景动画系列——影视广告三维动画. 北京：航空工业出版社，2000

[18] 贾否. 动画概论. 北京：北京广播学院出版社，2002

[19] 施寅. 计算机动画技术. 北京：清华大学出版社，1999

［20］齐东旭．三维动画原理与应用．北京：科学出版社，1998

［21］王孝锦．数字技术对影视技术的影响．南京艺术学院学报（音乐及表演版），2003（3）

［22］郭林森，徐雷．数字三维动画初探．美术大观，2008（7）

［23］刘晓春．电影数字化与数字电影（下）．影视技术，2005（9）

［24］唐红平．三维动画创造性的语言．浙江工艺美术，2007（4）

［25］朱梁．数字技术对好莱坞电影视觉效果的影响．北京电影学院学报，2005（5）

［26］周伟．3DS 过时了吗．艺术界，2001（1）

［27］杨雪培．数字技术给我国电影带来的变化和挑战．影视技术，2005（9）

［28］尤金·马洛．数字技术对电影和电视的冲击和影响．电影新作，2000（5）

［29］孙勇，任月琳．浅析数字技术对电视画面艺术的丰富．新闻界，2008（3）

［30］刘兆君．数字技术与电影．剧作家，2006（5）